權威醫療團隊 寫給妳的
懷孕生產書 全圖解

一步一腳印！除了落實產婦照護，
更期盼每個人身心靈都健康

　　民國60年我完成外科訓練，回到故鄉彰化，擔任省立彰化醫院外科主任；民國62年5月1日，在彰化市光復路正式成立「黃明和外科診所」。那時的外科診所是什麼病人都看，一般外科的胃出血、膽結石、闌尾炎之外，小朋友半夜發燒抽搐掛點滴，或者車禍翻車導致半身癱瘓，要緊急做頸椎固定、並留意後續復健；更有找不出原因的腹痛，結果診斷出是罕見疾病「紫質症」等等，我們全部都看。當然，接生也是一定會有的。

　　那時候彰化婦產科醫師不多。有患者因為在黃明和外科診所開刀後康復，堅持太太要在這裡生。我說我不是婦產科醫生啊，但是患者真的很信任我，在專業助產士協助之下，也順利接生了好幾位。包括我的五個小孩，就有三位是自己接生的。現在可能很難想像，但四十多年前懷孕沒有產檢，現在屬於基本配備的超音波機器，當時全台灣都沒有，黃明和外科診所買了全台灣第一台。那時候的超音波解析度不高，想要看小孩性別都有困難，真的都是生出來才知道是男是女、寶寶有沒有什麼問題，感謝各位媽媽們和我們一起努力過來了。

　　民國69年9月，以家翁之名命名的「秀傳紀念醫院」在彰化市中山路揭牌營運，70年成立婦產科，一步一腳印，落實產婦照護；民國85年落成婦幼大樓，專門照顧婦幼健康。95年彰濱秀傳醫院啟用，林坤沂主任接任以來，月月接生上百新生兒，醫院時時充滿喜氣。我自己的孫子、孫女都是由林坤沂主任接生。

　　從黃明和外科診所，到秀傳紀念醫院，到整個遍及全台的秀傳醫療體系。我的目標不只是醫病醫人，更希望可以落實全民健康。因此我於民國75年與78年與87年參選並當選立委，目標即是建立與完備「醫療法」。任期中廣邀有醫療背景的立委成立「厚生會」，後轉型「財團法人厚生基金會」，辦理「醫療奉獻獎」，推動「無管人生——移除鼻胃管及咀嚼吞嚥障礙照顧服務計畫」等等。醫療不是治療個人的疾病，是要讓每個人由裡到外，身心靈都健康。醫療升級，不

只是治療疾病的技術升級，更是防微杜漸，從健康意識、健康知識的累積，讓每個人因為知道如何自我保健而活得更有品質、更快樂。

　　因此，我很樂見秀傳醫療體系能與台灣廣廈出版社合作，共同企劃製作「懷孕生產百科」這一系列精美的書籍。陸續將會出版的「月子百科」、「嬰幼兒百科」以及「育兒百科」同樣集結我們體系優秀的醫療團隊來撰寫，希望可以達到幫助媽媽們在孕期、產後、育兒上更安心，寶寶們也能順利、快樂的成長。

秀傳醫療體系總裁＆立法院厚生會創始會長

黃明和

有了這一本，媽咪們懷孕生產不卡關！

　　在跟廣廈出版社接觸之前，我對出版醫療知識書籍的想像非常簡單：作者擠出文字，過程中編輯催稿、提供建議，美術設計版面，接著上市；「只要內容好，不怕沒讀者」。實際上聊個天，才知道這個單向思考非常自以為是。做一本好書必須站在讀者的立場思考：讀者想知道的是什麼，怎麼說才能讓讀者懂又不厭煩。所謂「醫療知識」書籍應該留給醫事人員，「健康生活」書籍才是大眾需要的。希望大家可以藉由閱讀這類書籍，習得健康的生活方式，所以最好簡單易懂，才容易實踐。

　　參與「懷孕生產百科」企劃後，方瞭解出版業與編輯業是個多麼細緻、繁瑣、必須周到的行業。也因為廣廈的編輯群如此令人信賴，很榮幸地得以邀請並媒合彰化秀傳醫院、彰濱秀傳醫院眾多優秀同事加入寫作。看到成品樣板時，真真眼睛一亮！專業醫療團隊的知識自是沒話說，意料之外的是：原來知識可以這樣說。把懷孕生產的方方面面都考慮到，完全從讀者角度出發，一氣讀完或是需要時翻閱均可上手。清楚條列的編排，舒服順眼的美術設計，可愛大方的插圖等等，都讓人體會到團隊的用心

　　懷孕生產、坐月子、育兒就像是遊戲闖關，有時候很順，有時候卡關，一卡關就焦慮。本書以及接下來的「坐月子百科」、「育兒百科」就是為此而生的秘笈。秀傳醫療體系邀集了婦產科與小兒科專科醫師、中醫師、營養師以及心理師等，組成堅實的寫作團隊，一定可以幫助孕媽咪以及新手爸媽，關關難過關關過！

　　其實只是約了優秀編輯與優秀同事一起喝茶，因此受邀寫序感覺人生成就解鎖（笑）。

彰化秀傳紀念醫院 大腸直腸外科醫師

林安仁

推薦文

專家＆媒體人＆神隊友 熱烈推薦

　　如何在產後順利瘦身？關鍵就在孕期的體重控制。孕期體重增加太少對胎兒不好，增加太多又容易有妊娠糖尿病，甚至造成胎兒過大而生產不順利。這本書會告訴妳，孕期前、中、後該怎麼吃，該增加多少體重，才能懷孕不長肥肉，同時養出寶寶的好體魄。本書還包含了所有妳想得到的懷孕相關問題，而且非常容易翻閱查找，例如懷孕時嚴重便秘怎麼辦？產後水腫什麼時候消？孕期可以做什麼運動？這本書非常適合備在家中，有疑惑時就翻出來看，讓你孕期安心，產後身材不走山。

三樹金鶯診所體重管理主治醫師

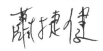

　　當了20幾年的婦產科醫師，同時本身又經歷過3次懷孕生產，看到這本由秀傳醫療團隊編寫的懷孕生產書非常驚豔。排版生動活潑好像在看旅遊書，不會枯燥無味；按照週數編排，讀著讀著就好像一位專業的婦產科醫生，加一位中醫師，再加一位營養師，一起陪伴妳度過不太舒服的懷胎十月！而面對未知的生產過程，書內也有圖示解說，讓準媽咪們做好心理準備、減低焦慮。

　　閱讀是最好的胎教，一本由權威醫療團隊寫給妳的懷孕生產書，就好像考試前的重點提示，讓妳對懷孕對生產有最充分的準備和認識，不再害怕。生兒育女是甜蜜的負荷，懷孕生產的酸甜苦辣，讓專業的團隊陪你走過。誠心推薦這本像旅遊書般圖文並茂的懷孕生產書。

振興醫院婦產科資深主治醫師

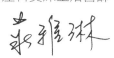

懷孕生產最重要的事情是什麼？是媽媽要快樂！圖文並茂的方式，將專業的醫療用語轉化成易懂的文字，孕媽媽看書時就像是有個專業的醫療團隊在家照護，安心是最好的胎教。一書在手，再也不用擔心上網查半天卻查到網路謠言。相信專業且溫暖的醫療關懷，絕對讓媽媽樂孕。

芬蘭媽咪‧百萬粉絲微博主

從新生命降臨的那一刻起，看著超音波上從小點點到心跳聲，再到有臉孔，隨著小生命逐漸長大，總有讓人眼眶泛淚的驚喜。蝦捲跟喬治的到來，是妻子家嘉與我生命中最美好的事，我達成1500安打時，第一個想到的就是家嘉跟寶貝們！翻閱這本《權威醫療團隊寫給妳的懷孕生產書》時，不禁又想起很多孕期與育兒的點點滴滴，當時妻子的不適狀況總讓我不捨與不知所措，現在，期待這系列書籍帶給我們更多知識，一一解決媽媽們的疑惑與不安！

愛家運動員

這是讀了會安心的一本書。

剛收到本書文稿的時候，我的二寶小米粒剛滿三個月，正在無限輪迴的三小時一次擠奶餵奶和照顧七歲大寶的日子中求生存。我用每次餵奶擠奶的時間細細讀完了「懷孕生產書」，惋惜著想著，為什麼這麼棒的一本書沒來得及在我懷孕時讀到呢？

本書用專業卻不艱深的文字細細地描述了新手媽媽們在每一個懷孕時期和生產過程中會面對的大小事，從每個孕期胎兒的成長，各種孕期中孕婦會面對的不舒服，該在哪個時期做什麼樣的檢查，到教你運動、食療、和保養，並請來中西醫師解釋一些大眾迷思或是婆婆媽媽們那一代流傳下來的習慣，搭配上色彩柔和

的插畫，讓人讀起來輕鬆又解惑。

　　如果妳像我一樣總是緊張的在網上找尋關於孕期生產的答案，那麼不用找了，網路上能找得到的妳可能會問的答案，這本書通通有，而且是專業可信賴的。

　　我是個四十二歲的高齡產婦，如果再懷孕一次，讀這本書讓我不擔心，我想，妳也會跟我一樣因為「預知」而安心的。

最懂孩子的音樂製作人

　　從記者到主播，再到目前有無數斜槓的主持人，我始終覺得此生最困難的工作，就是「母親」。我常看著已上國中、比我高也比我壯的女兒，心想到底是怎麼把她養這麼大的？回頭再看把家弄得跟戰場似的5歲兒子，想起躺在醫院完全臥床安胎的那113天。然而，說穿了，孕媽咪們最需要的，就是支持：心理上的支持，與資訊上的支持。

　　十幾年前我懷大女兒時，每天必讀日本翻譯的「懷孕大百科」，可惜日本畢竟不是台灣，飲食文化乃至各項產檢都不盡相同。當時我內心一直遺憾：為什麼台灣沒有類似書籍呢？很高興看到這本書的問世，讓台灣的準媽咪們能「按書索驥」。當資訊充足並正確，就能減少不安及憂慮。一起開心迎接新生命的到來吧！

飛碟電台《生活同樂會》主持人

作者序

守護每個媽媽和寶寶，是很神聖的一件事情

　　從醫到現在接近二十五年了，我的醫生生涯是從台北馬偕醫院開始。還記得 SARS 期間，我是馬偕醫院的婦產科主治醫師，後來，承蒙秀傳醫院黃總裁的邀請來到彰濱秀傳。在這十多年的時間裡，一共接生了超過一萬個寶寶，其中更遇過發生機率僅有千萬分之一——「擁有雙子宮、雙陰道又懷了雙胞胎的媽媽」，那次高難度的手術，當我順利把寶寶抱出來的時候，真的好感動。

　　彰濱秀傳能成為海線首屈一指的婦產科院所，我真的要感謝醫療團隊的每一個成員，默默地辛苦耕耘這麼多年後，終於讓鹿港小鎮的民眾們能夠擁有如醫學中心般的水準和就醫品質；此外，我更感謝黃總裁，以及萬般包容我的家人們，因為接生可以說是 24 小時 on call 的。

　　雖然婦產科醫師無時無刻不在待命，但是，每一次把寶寶抱出來的那一瞬間，一個全新的生命在就在眼前的震撼和感動，安撫了我所有的勞苦與疲憊。正因為我在診間了解到準媽咪們在孕期裡的各種擔心害怕，尤其現在網路上的資訊太雜亂，常常讓她們越 Google 越擔心，反而更不安，對肚子裡的寶寶來說反而不好。我常跟準媽咪說：「懷孕的時候，最重要的就是媽媽要放鬆，這樣肚子裡的寶寶也才會安穩、健康、長得好」。

　　因為希望讓準媽咪們能更安心的度過這神聖的 10 個月，這本書彙整了我平常在診間會告訴媽媽們的孕期基本知識、各種迷思解答，還有一點點幽默的診間經驗分享，希望準媽咪有疑惑的時候，比如說看不懂超音波啊、不知道怎麼樣算正確預產期、不知道產檢到底是要檢查什麼、怎樣的出血跟疼痛要馬上來醫院這些，甚至每個月媽媽在食衣住行要做什麼調整，都可以很快找到答案。衷心希望可以透過這本書，幫到所有的準媽咪們，再有緊張、手足無措的時候，只要把這本打開，絕對可以讓妳安心不少！

　　最後，除了感謝，還是感謝！感謝彰濱的所有夥伴們，還有在這裡要跟每個準媽咪說：「好好享受寶寶在肚子裡這一段特別的時光！寶寶生出來，人生就會進入不一樣的風景了喔！」

彰濱秀傳紀念醫院婦產部主任

作者序

這是一本從懷孕到生產
既實用又安心的百科全書

　　很感謝本書的總企劃安仁醫師給我參與製作《權威醫療團隊寫給妳的懷孕生產書》的機會,身為專攻婦科領域中醫師的我,除了以醫療專業為出發點,我更以自己先前懷孕生產的心境來準備,期望更能貼近孕婦的實際需求。

　　猶記在書籍編輯討論會上第一次與廣廈出版社接觸,總編很有耐心為我們解釋此書想呈現的方式,討論會上我們幾位媽媽也提出了自己懷孕時所遇到的問題,其中提到在忍受懷孕不適感時,難以接受密密麻麻的文字,所以本書也多以精美插圖來做說明。

　　這本書在中醫內容設計上,以深入淺出的方式來表達,希望能提供孕婦遇到問題時,中醫「簡、便、廉、效」的處理方案,包括隨手可施行的方式,例如:穴位按摩、耳穴按壓,以及提供簡單食療等來改善。

　　另外也有針對懷孕時聽到的迷思盡可能的給予解答。不過中醫的理論高深,在有限的篇幅,很難全面概括,若讀者對本書內容仍有不清楚之處,甚至牽涉到治療的層面,建議還是要尋求合格中醫師!

　　本書涵蓋中西醫對懷孕照護的觀點,其內容詳實豐富,並佐以精美的圖片以及溫馨的提示語,讓讀者可以不費勁的閱讀,看完之後一定可以感受到出版社及編輯群的用心,隨著這本書即將上面市,我內心充滿雀躍,希望這是一本能夠陪伴準備懷孕或正在懷孕的妳,從懷孕到生產既實用又安心的百科全書!

彰化秀傳紀念醫院中醫部主治醫師

專業營養師教妳吃對營養，
安心懷孕養胎、平安順利生產

　　結婚，接著生子，字面上看起來似乎輕鬆容易，許多媽媽更認為自己身體健康沒病痛，自然就會生下健康寶寶，殊不知，產前營養素的補充就和寶寶的智力發展大有關係。因為肚子裡的寶寶，完全靠著媽媽懷孕期間所攝取的食物來成長，媽媽如果常常外食，或者有挑食習慣，都會造成體內的營養素不足，甚至影響寶寶的發育。

　　孕期的飲食並不是「有吃就好」，媽媽必須懂得「該吃什麼、吃多少才對」。所以正準備懷孕或是正在孕期中的妳，更需要跟著專業營養師了解懷孕初期、中期、後期，到底分別該留意哪些關鍵營養素，以及可以從哪些天然食物攝取，營養均衡，正是生出健康、聰明寶寶的關鍵。

　　本書就提供完整的孕期初、中、後期營養需求建議，照著吃，除了寶寶可以獲得足夠的營養、避免發育不良，媽媽也能大幅降低罹患各種高血糖、高血壓併發症的可能，也因為培養了好的飲食習慣，還能幫助媽媽們在產後更順利地恢復身材。

　　市面上販售不少有關孕期營養的參考書籍，但這本書結合了婦產科醫師、中醫師和專業營養師的經驗，從孕前準備到懷胎十月，更加上生產前後的食物攝取建議與營養觀念，可說是非常罕見。真心期盼這本書可以協助每一位媽媽順利調整孕期的飲食生活，給自己跟寶寶健康的身體，讓寶寶從在媽媽肚子裡就獲得人生勝利組的基本配備。

彰化秀傳紀念醫院營養部組長

楊雅雯

Contents

Part 4

懷孕後期
8～10個月
安心懷孕必學的關鍵知識

Part 5

產兆＆生產方式完整解析
準媽咪平安順產必學的關鍵知識

PART 1

懷孕生產最重要的基本常識

孕前孕期最完整的生活知識百科

出現哪些徵兆就有可能是懷孕了？
高齡孕婦要特別注意的事有哪些？
哪些檢查一定要做？體重該怎麼控制？
一次告訴你！

準備懷孕＆確認懷孕，妳要先了解的事

為了胎兒的健康著想，
想懷孕前一定要先做疾病檢查

對於準備懷孕的人來說，所有會危害到自身健康，甚至會危害到未來寶寶的所有危險因子，都應該盡力避免，這些生活上的危險因子包括抽菸、喝酒，使用成癮藥物、營養攝取過多或過少，或是個人衛生習慣不良等等。

為了胎兒的健康著想，懷孕前也一定要先做疾病檢查，項目包括德國麻疹、弓漿蟲寄生症、B型肝炎、海洋性貧血、子宮肌瘤、蛀牙等等，以確保生下健康的寶寶。

想懷孕，什麼要多吃？什麼不該吃？

堅果與蔬菜富含與生殖荷爾蒙有關的脂溶性維生素與不飽和脂肪酸，可以提高受孕力，所以在生活中多吃一些堅果和蔬菜。另外就是一定要補充葉酸劑，葉酸可預防產出神經系統先天缺陷的畸形兒。現在的妳如果是以速食或甜食為主的飲食習慣，可能降低順產的機率，而咖啡會降低子宮的血流量，妨礙著床，盡量少喝，開始養成健康的飲食習慣吧！

- 好孕的生活習慣
  1. 維持標準體重
  2. 養成正確的飲食習慣
  3. 每個星期做3次運動，每次30分鐘以上
  4. 避免身體接觸到有毒物質

孕婦抽菸會對胎兒造成無法彌補的傷害

抽菸會減少媽媽體內胎盤的血流量，引起子宮內胎兒的生長遲滯、產出低體重兒，以及可能在胎兒出生前發生胎盤位於正常高度下側的「前置胎盤」現象，而導致胎盤早期剝離，甚至引起流產、難產等情況。所以為了胎兒與自己的身體健康，一定要戒

孕期營養Q&A

Q 可以直接從食物中攝取到足夠的葉酸嗎？

A 肝臟、綠色蔬菜、馬鈴薯等食物雖然含有豐富的葉酸，但經過長時間烹煮會有50%葉酸遭到破壞，再經過人體消化吸收的就更少了，所以想透過食物攝取到足夠的葉酸量幾乎不可能。

即便不是準媽咪自己抽菸，若周遭有人抽菸也要遠離，因為吸收了二手菸，同樣會透過呼吸器官輸送給胎兒，所以一定要避免。

初期
0
Month

初期
1
Month
1~4週

初期
2
Month
5~8週

初期
3
Month
9~12週

初期
4
Month
13~16週

後期
8
Month
29~32週

後期
9
Month
33~36週

後期
10
Month
37~40週

菸。還有即便不是準媽咪自己抽菸，不小心吸入二手菸，有害物質同樣會透過媽媽的呼吸器官輸送給胎兒，需小心注意，避免接觸到菸味的機會。

原來是懷孕了！
6種狀況及判定方法

在成為準媽咪的那一剎那，很多時候都在「那個不是差不多該來了嗎？怎麼都沒來！」「怎麼會一直出現想吐、噁心的感覺？」，或者是身邊的親友提出疑問，「該不會是懷孕了吧？」，甚至突然被醫師告知「你的肚子裡有新生命了。」完全是預料之外的降臨。

一開始很多人會緊張，「有要特別注意的事嗎？吃的東西有沒有什麼禁忌？適合的醫生、醫院怎麼找？」所有的問題全都一一浮現。一旦懷疑自己是不是懷孕時，要立即檢查，因為

愈早確定懷孕，才能愈早為寶寶的誕生做準備。

懷孕初期需要特別注意身體保養，如果懷疑自己懷孕了，最簡單快速的確定方法，就是透過驗孕棒。如果檢測的結果呈陽性的話，就必須到醫院進行檢查。

到底媽媽的身體會出現哪些變化？會有什麼樣的徵兆？讓我們一起來了解一下。

林醫生真心話

懷孕了其實是有跡可循的！雖然較為敏感的孕媽咪在受精後的幾天內就會有懷孕的徵兆出現，但是一般來說，大部分孕媽咪在懷孕後的第4～6週才會注意到。甚至有的神經比較大條的媽媽，直到懷孕三個月了才注意到身體有變化。

但是，隨著子宮慢慢變大，兩邊的韌帶會有收縮的情況，所以會感覺到肚子左右兩邊痛痛的，通常只要坐著或躺著休息就可以改善。而之所以會感到疲倦，是因為身體在製造一個新生命。懷孕也會分泌很多黃體素，體溫大約會在36～37度左右。

懷孕時體溫會升高沒錯，但是會不會因為說我懷孕了，所以飆到38度？錯了，那比較可能是妳感冒發燒了。

1 月經沒來

這也是最常會自我察覺到的
因為一懷孕月經就會停止

對於經期規律的人來說，月經如果遲了 7～10 天，就有可能是懷孕了。但月經不規律或是因旅行、勞累、壓力、荷爾蒙分泌異常、體重忽然減輕或增加等等問題，也有可能讓月經停止或遲來，所以必須做進一步判定。此外，懷孕在著床過程中，有可能在 2～3 天裡出現少量出血，容易被誤認是月經來潮。所以必須經過檢查才可以確定是否懷孕。

2 白帶明顯增加

新陳代謝變旺盛
會引起白帶量增多

受精卵在子宮內著床後，新陳代謝變旺盛，會引起分泌物（白帶）量增多。懷孕時正常分泌的白帶呈乳白色，不太有什麼特別的味道。但如果白帶呈現灰黑色或夾帶血絲，就應該立即到婦產科接受檢查。

3 出現噁心、嘔吐、對食物的喜好改變

時常出現噁心感
口味突然發生改變

空腹時或早上剛起床時會有噁心、嘔吐的症狀。懷孕後嗅覺變得比以前更加靈敏，容易對以前不曾注意到的食物或是保養品的味道產生排斥感。對於食物的喜好會改變，可能忽然對過去最愛吃的食物反感。

因為胃酸分泌減少的緣故，開始愛吃酸的東西。一般來說這樣的症狀會在懷孕第 3～4 個月的時候開始好轉。有的人會錯以為自己是不是得了胃炎或胃潰瘍而特地去內科檢查。但如果月經遲來且腸胃不舒服的話，可以考慮先去婦產科接受檢查。

4 出現類似感冒症狀

身體會微微發熱
也可能伴隨身體發軟、疲倦

懷孕後因為基礎體溫升高，身體會微微發熱，也可能伴隨身體發軟、疲倦、總是想睡得不得了。這些症狀與感冒相似，所以有些人會誤以為是感冒而去吃感冒藥，其實這是因為身體開始分泌黃體素所引起的，是為了保護準媽咪身體的自然變化。

5 頻尿及便秘

黃體素分泌提高刺激膀胱引起頻尿
腸胃蠕動變差出現便秘

由於黃體素分泌量升高及人類絨毛膜促性腺荷爾蒙的分泌，血液多聚在骨盆腔附近，因此刺激到膀胱，引起頻尿。而腸道因為受到慢慢變大的子宮壓迫，腸胃蠕動變差，容易產生便秘，或便秘變得更嚴重。頻尿多發生在懷孕 3～4 個月時，滿四個月後，

到了懷孕中期就會慢慢改善。但懷孕後期由於胎兒的頭部變大了，漸漸壓迫膀胱，便秘症狀會再次出現，所以便秘剛出現時，就應該在醫師指導下用藥好好治療。

而為了順利生產，荷爾蒙分泌和孕前會有所不同，也因為這個影響，心情容易變得容易焦慮不安，尤其是流產過的媽媽，更會擔心再度流產。另外，也有人會產生肌膚乾燥或發癢等問題。

6 乳房膨脹且有刺痛感

體內會分泌黃體素
讓乳房出現膨脹感

懷孕後體內會分泌黃體素，讓乳房發生膨脹感，甚至一碰就痛。另外，由於黑色素增加的緣故，乳頭的顏色也會變深。但隨著身體對荷爾蒙增加的適應，疼痛的症狀會漸漸好轉，而這些變化大約從懷孕第2～3週就會開始。

林醫生真心話

餵母乳期間會懷孕嗎？這是很多媽媽共同疑問。雖然餵母乳時身體會分泌一種抑制排卵的荷爾蒙，能夠抑制月經，但是在產後第一次月經來潮前，身體就已經開始排卵了，所以千萬不能把餵母乳當成避孕方法，餵母乳期間，如果老公沒有戴保險套，還是很有機會中獎的。

想確定是否懷孕，先做尿液檢查吧！

懷孕後人類絨毛膜促性腺荷爾蒙會隨著小便排出，所以使用驗孕棒一驗，就會知道身體裡面是否存在這種荷爾蒙，有的話就是懷孕了，可以說是各種測試是否懷孕的方法中，最方便且快捷的一個，只要按照說明書上標明的方法正確操作，就能夠初步獲知結果。

做尿液檢查

這是到醫院產檢時，會進行的第一項檢查。這項檢查也是檢查尿液中是否含有人類絨毛膜促性腺荷爾蒙，來確定是否懷孕。

在受精4週後，透過尿液檢查，可得到最準確的結果，而受精兩週內檢查得到結果的準確度大約是90%。

做血液檢查

和尿液檢查一樣，血液檢查也需要在醫院做。同樣是確認人類絨毛膜促性腺荷爾蒙的存在與否，作為判定是否懷孕的檢測方法。受精卵的絨毛內分泌出大量的人類絨毛膜促性腺荷爾蒙，其後被吸收到血液裡。因此血液檢查比驗尿得出的結果更加準確，受精兩週後便可確診是否懷孕。

做超音波檢查

通過驗尿、血液檢查或是內診來確定懷孕，接下來進行的就是超音波檢查，可確定胎囊是否能被看見。這項檢查通常會在懷孕5週後進行。

初期 0 Month
初期 1 1~4週
初期 2 Month 5~8週
初期 3 Month 9~12週
初期 4 13~16週
後期 8 Month 29~32週
後期 9 33~36週
後期 10 37~40週

疾病檢查 事先知道哪些疾病會造成問題，就可以保護好自己與胎兒

孕前一定要檢查的7種疾病

從懷孕到生產，每個階段都必須接受必要的檢查，
唯有這樣才可以確認孕媽咪和胎兒都能平安健康。

不論是孕前檢查或產前檢查，都是為能全面評估自己在懷孕時可能出現的問題。若在孕前能事先知道有哪些疾病會造成問題，就可以在懷孕期間做好保護自己與胎兒的準備。現在就讓我們瞭解每個時期進行的檢查的特點。

德國麻疹

> **對寶寶的影響：**
> 病毒傳染
> 腦部發育異常、
> 死產流產或
> 主要器官受損

傳染途徑是經由飛沫或接觸感染。對於一般人來說，感染後症狀輕微且無後遺症，但孕媽咪一旦感染，病毒會透過胎盤垂直傳染給胎兒，而造成先天性德國麻疹症候群，包括先天性耳聾、青光眼、白內障、小腦症、智能不足以及先天性心臟病等等缺陷。

懷孕初期（10週內）感染的話，出生的嬰兒有高達90%的機率會有先天性缺陷，例如視力或聽力的異常、心臟病等。若懷孕第20週以後感染，則生下先天缺陷兒機會較小。所以懷孕前先確認是否有抗體是很重要的。

先天性德國麻疹
症候群(CRS)

媽媽前輩的話

• 我一直以為自己應該有得過德國麻疹，但是檢查後才知道自己根本沒有抗體，真的嚇了一大跳。因為聽說在出現症狀前，最容易傳染給別人，所以後來我就自行隔離，根本不敢跟家人同桌吃飯。

• 當我知道懷孕後，馬上打電話給娘家媽媽，確認小時候有沒有得過德國麻疹。還好當時的媽媽手冊還留著，接受過預防接種的紀錄也很齊全，這才放心。

疾病檢查 Q&A

Q 沒有抗體，我該怎麼辦？

A 沒有抗體的媽媽要先接種疫苗，才能產生抗體，並且在接種後避孕2個月。
沒有德國麻疹抗體的孕媽咪在懷孕20週之前，如果得了德國麻疹會很危險。因為寶寶罹患先天性德國麻疹症候群的可能性很高。預防德國麻疹最有效的方法就是接種疫苗，原則上民國60年9月以後出生的女性，至少都曾接種過1劑德國麻疹疫苗，或是麻疹、腮腺炎、德國麻疹混合疫苗(MMR)。但不確定是否曾接種過德國麻疹相關疫苗或有德國麻疹抗體的人，建議進行德國麻疹抗體檢測。
檢查結果如果呈現陰性，應在懷孕前或產後儘速持德國麻疹抗體檢查陰性證明，再到各衛生所或有預防接種合約醫院、診所，免費接種1劑 MMR 疫苗。

弓漿蟲寄生症

> 對寶寶的影響：
> 流產、死產、腦水腫、眼疾發展遲緩、學習障礙、聽力障礙
>
> 蟲卵會在貓的糞便中

感染弓漿蟲寄生症主要是因為直接生食被蟲卵汙染的肉品或沒有煮熟的肉品，而貓是弓漿蟲卵的唯一宿主，而蟲卵會出現在貓的糞便中。若孕媽咪在懷孕後期感染急性弓漿蟲寄生症，病原大約會有40%的機率垂直感染給胎兒，導致胎兒出現立即性的危害。所以原本就有養貓的孕媽咪，建議除了定期施打疫苗外，特別在處理貓的排泄物時，務必戴著手套。如果懷孕前沒有飼養，就要避免養貓。

B型肝炎

> 對寶寶的影響：
> B型肝炎病毒感染的年齡愈小，成為慢性帶原者機率愈高
>
> 與孕媽咪是否受感染有關係

B型肝炎是肝癌跟肝硬化的高危險群，一直以來也被視為國病，所以政府希望能在下一代，全面去除B型肝炎。胎兒是否會感染到B型肝炎，與孕媽咪是否受感染有密切的關係。媽媽如果是B肝帶原者，在懷孕的時候約有40～50%的機率會垂直傳染給寶寶，所以寶寶在出生後就要儘速打一劑B型肝炎免疫球蛋白，懷孕期間也要持續接受治療，B型肝炎帶原的孕媽咪，在懷孕七、八個月的時候也會給予投藥。

海洋性貧血

> 對寶寶的影響：
> 甲型重型患者在胎兒時會出現胎兒水腫；乙型重型患者需終生輸血、施打排鐵劑
>
> 單基因遺傳性疾病之一

在台灣這是常見的單基因遺傳性疾病之一，分為甲型與乙型。若夫妻皆為同型海洋性貧血帶因者，胎兒有1/4的罹患率，會危及到準媽咪或胎兒的生命健康。甲型重型患者於胎兒時期便會出現胎兒水腫，乙型重型患者必須終生輸血、施打排鐵劑。

如果爸爸媽媽皆為同型海洋性貧血帶因者，胎兒的罹患率大約為1/4。

林醫生真心話

孕期預防感染弓漿蟲的方法
1. 讓貓接種預防疫苗。
2. 不要餵貓吃生肉。
3. 清理貓的排泄物時，要戴上手套再處理。

疾病檢查 Q & A

Q 貧血的基準是什麼？

A • 懷孕前
血中的血紅素濃度未滿 12g/dl 就是貧血
• 懷孕中
血中的血紅素濃度未滿 11g/dl 就是貧血

除此之外，懷孕時會因為血液的循環量增加，而有貧血的傾向。貧血檢查透過血紅素檢查，可以確認血小板是否有減少。貧血是反映身體健康狀況的重要指標，懷孕期間貧血有可能引起子宮內生長遲滯及其他妊娠併發症。若懷孕前就貧血的人，會變得更嚴重。因為會對生產時的出血有影響，所以從懷孕前就要努力改善。

子宮肌瘤

對寶寶的影響： 肌瘤的刺激會讓子宮收縮而有先兆流產的可能

受精卵不易著床或初期流產

30歲以上的女性，約有20%有子宮肌瘤，它是長在子宮的良性腫瘤，大多沒有自覺症狀。懷孕期因荷爾蒙的影響，肌瘤會變大，但大部分在生產結束後就會變小。子宮肌瘤有可能會成為受精卵不易著床、不孕或初期流產的原因。

蛀牙

對寶寶的影響： 較容易流產

蛀牙會造成牙周病

懷孕時因為唾液的成分會有所變化，容易讓原有的蛀牙或牙周病變得更嚴重，肚子變大後再去接受牙科治療會更辛苦，所以要在懷孕前就先治好。此外，懷孕時很容易發生蛀牙或牙周病，所以平日一定要仔細的刷牙。建議產前每三個月要進行一次例行口腔檢查。

梅毒病毒篩檢

對寶寶的影響： 梅毒會透過胎盤傳染給胎兒，讓胎兒感染到先天性梅毒

可能導致流產或死胎

隨著感染的懷孕時期不同，先天性梅毒會引起各種不同的症狀，最嚴重的狀況有可能導致流產或死胎。也可能併發子宮內生長遲滯、聽力與視力障礙、智能低弱、肝肥大等疾病，因此在懷孕前就要先接受治療。

懷孕容易讓原有的蛀牙或牙周病變得更嚴重，肚子變大後再去接受牙科治療會更辛苦，所以在懷孕前就先治好。且產前每三個月要進行例行口腔檢查。

關於懷孕與生產，媽媽們最想知道的……

 Q1 聽長輩說，懷孕期間很多東西都不能吃，但真的不能吃嗎？

懷孕時據說有些不能吃的東西，雖然很多前輩媽咪們吃後都異口同聲說不會造成什麼問題，但一旦自己要吃時，心裡難免還會覺得哪裡怪怪的。

像是生魚片，很多媽咪會煩惱說懷孕時到底能不能吃？其實如果不是常吃像鮪魚那種大型的深海魚，吃點新鮮的生魚片其實是沒關係的。除此之外，只要把握不要吃到過量，基本上都不會有太大問題。

不過，如果是平常就不適合自己體質的食物，例如：對麩質食物會過敏，當然懷孕時也不要吃比較好。還有一些即食食品、太鹹太辣的食物，這些會因為含鹽量高，所以容易引起妊娠疾病或讓水腫更嚴重，會建議不要吃或少量就好。另外，會讓肚子不舒服、疼痛的冰冷食物最好也要節制。含有咖啡因的咖啡或茶會妨礙胎兒分泌生長激素，如果真的想喝，一天最好不要喝超過像7-11或星巴克的一杯中杯美式咖啡的攝取量，也就是一天不能攝取超過200毫克咖啡因。

 Q2 找月子中心時要注意什麼？

一般說的「月子中心」其實分月子中心和產後護理之家，產後護理之家才有專業護理人員，只是我們還是習慣稱為月子中心。到衛福部的網站就可以查到月子中心（產後護理之家）業者是不是合法立案。

通常會在產前4～5個月就開始瞭解並且比較月子中心的好壞。決定好適合的地理位置以及價格，再列出符合條件的月子中心清單，一定要要親自去看看再做決定。除了媽媽房之外，也要仔細觀察一下公共設施，挑用餐時間去參觀的話還可以看看他們的菜色如何。如果月子中心有一起吃飯、或是像媽媽教室那樣有跟同期媽媽一起交流的時間，就能彼此交換育兒資訊，或是加入群組，之後還可以聯絡、互相幫忙。

產後坐月子時最辛苦的就是餵母乳，一定要確認有沒有人能提供哺乳方面的諮詢，還有寶寶的衛生管理徹不徹底，以及照護人員數量夠不夠等。另外，有沒有小兒科醫生來看診也非常重要，這樣有疑問時可以詢問醫生，寶寶有什麼問題也可以立即發現並處理，統整一下，可以把握以下重點：

1. 考量離家裡、醫院和另一半的公司的距離來挑地理位置。
2. 瞭解費用、有沒有醫生看診、親友能否進出等資訊。
3. 參觀月子中心時，要確認新生兒室、媽媽房、服務設施以及菜單。
4. 生完之後跟月子中心聯絡，確認入住時間。

不同孕期的檢查項目也不同

第一次產檢、各個孕期會檢查什麼？多久做一次檢查？需要自費的項目有哪些？以下針對不同孕期需要做的檢查一一解說。

衛福部發的媽媽手冊，每次產檢紀錄會彙整在裡面，就像護照，如果是在其他地方檢查、旅遊突發狀況時就能快速掌握媽媽寶寶過去檢查的情況。但一開始孕婦拿到媽媽手冊，第一次產檢時，有一些項目沒有在手冊上，例如披衣菌檢查，尤其我覺得還要再加一個遺傳病史的詢問，家族遺傳病史很重要，假如有家族遺傳性疾病，一定要跟醫生講，就可以針對這方面加強篩檢。

另外，第一次產檢時，國外會建議做抹片檢查，但因為做抹片會出血，會被病人誤會這是引發流產的原因，所以台灣不在懷孕時做抹片檢查，通常我們會看一下子宮頸有沒有問題，如果外觀沒有問題就不會特別安排抹片檢查。但是我會說明國外建議做，且會有出血的情況，讓準媽咪們自己選擇現在做或是寶寶滿月再做。

第一次產檢、各個孕期到底會檢查什麼？頻率很頻繁嗎？需要自費的項目有哪些？有必要全部都做嗎？這些疑問相信很多孕媽咪心中都會有，以下針對不同孕期所要做的檢查一一解說。

第一次門診會做的檢查

量體重

孕期的體重增加10～12公斤是最理想的（可參考第43～44頁）。一般來說，懷孕初期的1～4個月增加1.5公斤，中期約增加5～6公斤，後期約增加4～8公斤是最為理想的。如果體重迅速增加或身體嚴重水腫，有可能是身體內部發生問題的警訊，需要重視。

測量血壓

瞭解孕媽咪是否為高血壓或低血壓，一般以第一次檢查測得的血壓為標準，與每次測量得的血壓值相比較。若血壓收縮壓高於140mmHg或舒張壓高於90mmHg者，就可能患有「子癲前症」。

驗尿

檢測是否患有「子癲前症」或「妊娠糖尿病」，若檢查兩次以上結果仍呈異常者，應接受進一步的檢查。

超音波檢查

透過該檢查可確認胎兒的身高、心跳，以及是否有子宮外孕、胎盤前置、懷雙胞胎等。大約懷孕24週左右可知道胎兒的性別。有的醫院每次產檢都會做，有的則會間隔2～3次。

- 胎兒心搏檢查
  懷孕第11週後可以透過這一項檢查聽胎兒的心跳聲，以確定胎兒的心跳次數和節奏是否正常。
- 腰圍、子宮底長度測量
  測量孕媽咪的腰圍和子宮底長度，是針對已經懷孕5個月的孕媽咪所做的檢查。透過測量恥骨上端到子宮頂端的距離來判斷胎兒的健康狀態。

懷孕初期產檢有哪些？

懷孕時期不同，要接受檢查的項目也不同。產前檢查一般來說，從初診到懷孕6個月（～24週）是每4週一次，懷孕7～9個月（25～36週）是每兩週一次，10個月後（37週～）是每週一次。

因為是守護母子健康的重要產檢，所以一定要按時接受檢查。

產前檢查的內容會依懷孕時期的不同，有不同的檢查項目，但每次定期檢查時都會透過體重及血壓等資料，測定孕媽咪的健康狀況和寶寶的發育情形。

另外，還會做血液檢查。可以檢查出是否貧血、有無性病及血型等。

第一次產檢

確定懷孕後，初次產檢時主治醫師會詢問的相關問題：

☑ 個人情況　　　　　　　☑ 是否生過雙胞胎

☑ 月經週期　　　　　　　☑ 懷孕後身體症狀反應

☑ 平時健康狀況　　　　　☑ 懷孕生產經驗

☑ 有無罹患慢性病或重大疾病　☑ 懷孕後是否有服用藥物

☑ 夫婦雙方家族病史　　　☑ 對什麼過敏

☑ 生活習慣

這些相關資訊，孕媽咪最好能在第一次赴醫院就診之前先準備好，並在心中有大致的答案。

如果胎兒血型為RH陰性的話，需要在出生後做相應的處理。

還有驗尿，可以檢測出尿道、膀胱或腎臟是否受感染。除此之外還有子宮頸癌、性病（梅毒等）、愛滋病檢查等。懷孕初期、中期、後期還會各接受一次超音波檢查。總而言之，懷孕初期做檢查，可以更容易地分辨出子宮和卵巢是否有異常現象，有這麼多的檢查，也是希望能讓媽媽更安心，確保胎兒能平安長大。

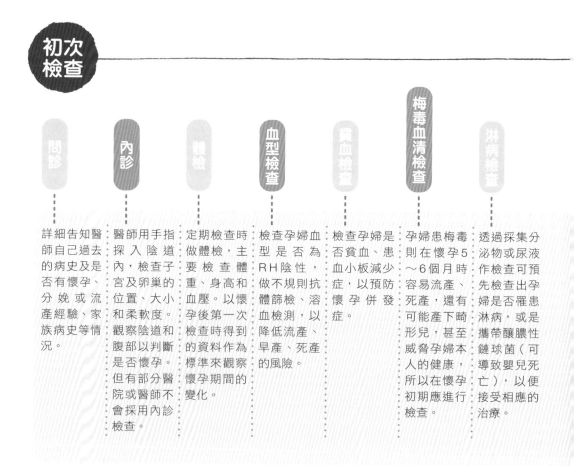

初次檢查

問診
詳細告知醫師自己過去的病史及是否有懷孕、分娩或流產經驗、家族病史等情況。

內診
醫師用手指探入陰道內，檢查子宮及卵巢的位置、大小和柔軟度。觀察陰道和腹部以判斷是否懷孕。但有部分醫院或醫師不會採用內診檢查。

體檢
定期檢查時做體檢，主要檢查體重、身高和血壓。以懷孕後第一次檢查時得到的資料作為標準來觀察懷孕期間的變化。

血型檢查
檢查孕婦血型是否為RH陰性，做不規則抗體篩檢、溶血檢測，以降低流產、早產、死產的風險。

貧血檢查
檢查孕婦是否貧血、患血小板減少症，以預防懷孕併發症。

梅毒血清檢查
孕婦患梅毒則在懷孕5～6個月時容易流產、死產，還有可能產下畸形兒，甚至威脅孕婦本人的健康，所以在懷孕初期應進行檢查。

淋病檢查
透過採集分泌物或尿液作檢查可預先檢查出孕婦是否罹患淋病，或是攜帶釀膿性鏈球菌（可導致嬰兒死亡），以便接受相應的治療。

初期
0
Month

初期
1
Month
1~4週

初期
2
Month
5~8週

初期
3
Month
9~12週

初期
4
Month
13~16週

Point

初次產檢中的重要項目
- 梅毒血清檢查
- 肝功能檢查
- 德國麻疹抗體檢查
- 愛滋病檢查
- 子宮頸癌檢查

在第一次產檢中先好好了解自己的身體狀況，對於孕期媽媽寶寶的安全來說是非常重要的。

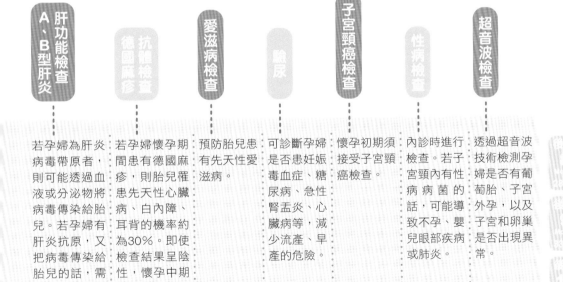

肝功能檢查 A、B型肝炎	抗體檢查 德國麻疹	愛滋病檢查	驗尿	子宮頸癌檢查	性病檢查	超音波檢查
若孕婦為肝炎病毒帶原者，則可能透過血液或分泌物將病毒傳染給胎兒。若孕婦有肝炎抗原，又把病毒傳染給胎兒的話，需要在分娩之後給嬰兒做肝炎預防接種。	若孕婦懷孕期間患有德國麻疹，則胎兒罹患先天性心臟病、白內障、耳背的機率約為30%。即使檢查結果呈陰性，懷孕中期和後期也應再次檢查。	預防胎兒患有先天性愛滋病。	可診斷孕婦是否患妊娠毒血症、糖尿病、急性腎盂炎、心臟病等，減少流產、早產的危險。	懷孕初期須接受子宮頸癌檢查。	內診時進行檢查。若子宮頸內有性病病菌的話，可能導致不孕、嬰兒眼部疾病或肺炎。	透過超音波技術檢測孕婦是否有葡萄胎、子宮外孕，以及子宮和卵巢是否出現異常。

懷孕中、後期必要的產檢

除了每月會進行定期檢查，包括量體重、量血壓、驗尿、檢查子宮、聽胎兒的心音等，藉此瞭解胎兒的發育情況外，懷孕中期的檢查中，最重要的大概就屬畸形兒檢測。它能夠檢查出胎兒是否有唐氏症、先天性心臟病及其他畸形的可能。

在懷孕 15 ～ 20 週，透過血液檢測可初步確認胎兒是否畸形，如果檢查結果不樂觀，通常會加做羊膜穿刺、絨毛膜穿刺或臍帶檢查等。如果是高齡產婦或曾產出畸形兒的孕媽咪，這些檢查就是必做項目。

懷孕 24 ～ 28 週，會進行妊娠糖尿病的檢查。進行這項檢查時，會讓孕媽咪飲用 50ml 的葡萄糖水，一個小時後再進行血液檢查。由於母嬰很可能同時患有妊娠糖尿病，因此為了母嬰安全一定要進行檢查。

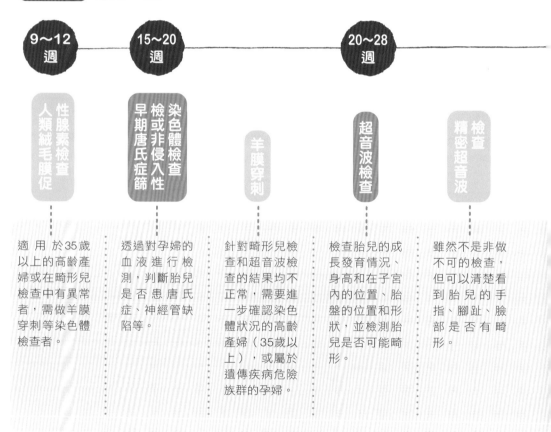

檢查頻率 每月一次

9～12週

性腺素人類絨毛膜促進檢查

適用於35歲以上的高齡產婦或在畸形兒檢查中有異常者，需做羊膜穿刺等染色體檢查者。

15～20週

染色體檢查或非侵入性早期唐氏症篩檢

透過對孕婦的血液進行檢測，判斷胎兒是否患唐氏症、神經管缺陷等。

羊膜穿刺

針對畸形兒檢查和超音波檢查的結果均不正常，需要進一步確認染色體狀況的高齡產婦（35歲以上），或屬於遺傳疾病危險族群的孕婦。

20～28週

超音波檢查

檢查胎兒的成長發育情況、身高和在子宮內的位置、胎盤的位置和形狀，並檢測胎兒是否可能畸形。

精密超音波檢查

雖然不是非做不可的檢查，但可以清楚看到胎兒的手指、腳趾、臉部是否有畸形。

初期
0
Month

初期
1
Month
1~4週

初期
2
Month
5~8週

初期
3
Month
9~12週

初期
4
Month
13~16週

Point

全民健保有給付的檢查
• 驗尿
• 血型檢查
• 梅毒血清反應檢查
• HVsAg（B肝五項檢查表面抗原）
• 德國麻疹檢查
• 1次超音波檢查

24~28週　**32週以後**　**38週後**

檢查妊娠糖尿病

患妊娠糖尿病者易感染子癲前症，導致羊水過多、難產、胎兒畸形、罹患糖尿病且死亡率高。

貧血檢查

懷孕中期易發生貧血，因此需要透過檢查再次確認。

胎動檢查

可觀察胎動和子宮收縮情況，通常適用於妊娠糖尿病患者和妊娠毒血症患者。

貧血檢查

為再次確認孕婦是否貧血而進行。

圖、血液篩檢肝功能、心電

為避免分娩時可能出現的緊急狀況，事先對孕婦身體狀況所做的檢查。

孕期用藥風險一定要知道

孕期亂吃藥或吃錯藥，不僅會影響到胎兒的健康，有些更會有
導致畸形的疑慮，在不同的孕期，影響的程度也會有所不同。

　　孕期亂吃藥或吃錯藥，除了會影響自身健康外，更會由母體的血液，經由胎盤，最後到了胎兒的血液之中，不僅會影響到胎兒的健康，有些更會有導致畸形的疑慮，所以門診時很多媽媽都會問：「醫師，我剛懷孕的時候，因為有感冒症狀，所以就自己吞了幾顆感冒藥，那些藥會不會影響到寶寶啊？」或是說吃了避孕藥還是懷孕了，像這種情況，到底可不可以把孩子生下來？

　　一般來說，孕期用藥分為五級，包括A、B、C、D與X級；其中A級、B級多半不用擔心；而孕期使用的藥物很多屬於C級藥物，都是在衡量病情需要時使用；但D級跟X級就會有危險，孕期還是服用主治醫師建議藥品才是最安全的。

藥品分為5級

A 級

　　在孕婦的對照臨床試驗中，無法證實對懷孕第一期或較後期胎兒有風險，或有傷害胎兒的可能性。

B 級

　　以動物做試驗，並未顯示對胎兒有危害，但缺乏以孕婦的對照臨床資料；或動物試驗報告顯示對動物的胎兒有不良反應，但針對孕婦的對照研究中無法證明對胎兒有害。

※A、B級藥物於懷孕時使用大致安全。

C 級

　　用於治療流鼻水、打噴嚏等症狀的抗組織胺劑，是孕婦可安全服用的藥劑。大部分用於治療感冒症狀的藥品被列為C類藥品，但到目前為止，未有以孕婦為實驗對象的相關研究報告。

　　動物試驗顯示有致畸性或殘害胚胎，但沒有孕婦的對照臨床試驗；或者，孕婦的對照臨床試驗或動物試驗均缺乏資料。

D 級

　　已證實對人類胎兒有危險，但在一些狀況（例如胎兒遭受致命危險或有嚴重疾病等情況下，其他較安全的藥品亦無法使用或無效時），可在利益大於潛在風險的情況下慎重使用。

※C、D級藥物須視實際情形權衡使用。

X 級

　　動物或人體的試驗、使用經驗中發現對胎兒有害，且此種藥品造成的傷害明顯大於可能的好處。

特別值得注意的是，避孕藥屬於荷爾蒙藥，雖然被分類在X級，但如果是在受孕前吃的，或是剛開始懷孕的3～5週，屬於藥物不敏感期，這個用藥時間點，要不就是寶寶完全不受影響，要不就是根本不會順利懷孕，所以若能順利懷孕，說明對胎兒也就不會有影響，是可以生下來的。但假如是在懷孕5週後才吃的避孕藥，就會影響到胎兒。

林醫生真心話

除了藥品分級，按照懷孕週數，在不同階段會有不同影響，以此做為給藥時考量。除了參考孕媽咪用藥分級之外，藥物劑量與服用時間也會有影響，同樣必須列入評估。

初期
0
Month

初期
1
Month
1~4週

初期
2
Month
5~8週

初期
3
Month
9~12週

初期
4
Month
13~16週

不同時期用藥影響的器官

懷孕
0週 1週 2週 3週 4週 5週 6週 7週 8週 9週 10週 11週 12週 13週 14週 15週 16週

著床　胚胎　　　　　　　胎兒

• 4-11週心臟、神經、腦、眼睛等形成　　　　• 8-16腹部或牙齒、耳朵形成

在不同的孕期，影響的程度也會有所不同

著床前	這時的胚胎組織還沒生成，一旦藥物有影響，胚胎自然無法存活。
胚胎期【2～8週】	這時期攸關胎兒的心臟、眼睛、耳朵等器官形成的關鍵期，最有可能受到藥物影響，造成天生缺陷。
胎兒期【28週後】	像是強效鎮痛劑、止痛藥、消炎藥等等這些藥物，要避免長時間或大劑量服用，以免導致子宮無法收縮或出現凝血反應。或是出現產後大出血等等狀況，必須限制服用量。

有些媽媽會問，如果是普拿疼之類的呢？其實我們比較擔心的是感冒糖漿這類的藥品，因為要鎮咳，它本身會有可待因（Codeine）的成分具有成癮性，所以感冒糖漿不適合孕媽咪使用。

林醫生真心話

痠痛貼布的部分因為孕媽咪常常腰痠背痛，我們會建議用熱敷的方式，但是有些人還是會很不舒服很痠啊，這時會建議避免長期使用，短暫使用沒有關係，大約貼4個小時就拿下來。比較舒服沒那麼痠痛就馬上把貼布撕下來。原則上會希望媽媽們用熱敷或吃止痛藥的方式，或者說擦一點點痠痛藥膏、噴一點肌樂，大原則就是不要長期使用、不要過量會比較安全。

腰痠背痛，來貼個貼布好了！

不行！

NO!

可是很痠、不舒服

按一下穴道吧！

得救了！

孕期需要接種哪些預防疫苗？

1 H1N1新型流感疫苗（流行感冒疫苗）

懷孕中的媽媽免疫力比一般人弱，所以一旦罹患流行感冒，很有可能發展成肺炎，且因復原力較弱，不易痊癒。

在孕期感染到流行感冒時，對胎兒會造成不良的影響，例如：可能導致早期陣痛、早產、低體重兒、胎死腹中等。因此，不管是懷孕第幾週，一定要接種流行感冒疫苗。

流行感冒疫苗分成活疫苗、不活化疫苗兩種。注射不活化疫苗時，不會對胎兒與孕媽咪造成不良的影響。流行性感冒疫苗可保護孕媽咪不受流行性感冒侵襲，注射不活化疫苗後，在孕媽咪體內生成的抗體會透過胎盤輸送給胎兒，可幫助新生兒在出生後六個月以內維持免疫力。

2 百日咳疫苗

百日咳是因為受到百日咳桿菌感染而引起的呼吸器官感染。

特徵是會伴隨著嘔吐等現象，咳嗽聲很像「狗吠」。罹病者一般會出現微燒、上呼吸道感染等症狀，但大部分人都會誤以為是一般感冒。當不滿一歲的新生兒罹患百日咳，會出現瞬間氣道狹窄、呼吸困難等現象，並導致腦部損傷，嚴重的話有可能致死。

接種百日咳疫苗後需四週的時間才會生成抗體。所以建議，「過去不管有無接種破傷風、百日咳，只要到了懷孕第27至36週之間就必須接種。」

孕媽咪接種百日咳疫苗時，會生成對抗百日咳的強烈抗體，疫苗會通過胎盤輸送給胎兒，對胎兒持續保護至出生後六個月，為胎兒與新生兒建立一道堅固的防護牆。

林醫生真心話

孕期出現帶狀皰疹怎麼辦？

懷孕期間發生帶狀皰疹對胎兒沒有關係吧？當然沒關係。帶狀皰疹是因過去感染的病毒復發所出現的症狀，對胎兒不會造成不良的影響。

高齡懷孕

高齡產婦罹患妊娠高血壓、糖尿病的機會較高

高齡懷孕要特別注意的事

高齡產婦流產的機率很高、容易引起寶寶以及孕期與生產問題，所以要特別進行像是染色體、高層次超音波等產前檢查等。

現代人普遍都晚婚，而隨著結婚年齡愈來愈晚，生第一胎的年齡也跟著往後延，就生理學的角度來說，35歲懷第一胎算高齡了。在我的門診裡面，高齡產婦的比例也愈來愈高。

隨著老化引起身體衰老，所以必須比年輕孕媽咪更加注意，必須意識到自己的身體已變衰弱，在懷孕過程中更必須做到特別的管理與控制。徹底認識孕期正進行到哪一個階段，在這個階段會有什麼樣的問題，先做好預防與萬全準備才可以。

高齡產婦因為罹患子癲前症、妊娠高血壓、妊娠糖尿病的機會比較高，也就容易引起寶寶以及孕期與生產上的問題，甚至是流產，所以要特別進行產前檢查，尤其是染色體檢查、高層次超音波檢查。

高齡懷孕容易造成胎兒異常

成為唐氏症寶寶的機率大為提高

卵子是胎兒在母親的肚子裡時就已形成了。出生後這些卵子處於停滯狀態，到了青春期才開始變活躍。女性一出生時即擁有30萬顆卵子，一生當中會排出400多顆卵子。年輕時期排出來的卵子較為健康，滿40歲後排出的卵子因為長久以來處於停滯狀態，大部分的功能已減弱許多。

這情況常導致出現染色體不分離的現象，因而提高了罹患染色體異常的「唐氏症」的機率。正常人的染色體是兩兩成對的，而所謂唐氏症是指21對染色體因不正常的分離現象，多出了一個。這種不正常的分離現象會隨著孕媽咪年齡的增加，出現機率也提高許多，尤其超過35歲的產婦產出唐氏症兒的機率與年齡成正比，所以建議必須接受

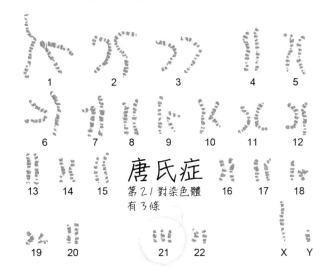

唐氏症
第21對染色體
有3條

羊膜穿刺檢查或非侵入性產前染色體檢測。

11～14週可以做唐氏症篩檢

在11～14週可以做唐氏症篩檢，目前有80%以上的準確度，尤其針對高齡產婦，建議要做羊膜腔穿刺檢查。一般寶寶的皮膚細胞會掉在羊水裡，所以抽取羊水，看寶寶染色體是不是正常，但羊膜穿刺仍然會有千分之2～5的子宮收縮流產風險，有些人是好不容易懷孕的就更不敢冒險。

目前有「非侵入性染色體DNA檢查」，是用抽血驗胎兒的DNA，在11週以後就驗得到，但是價格跟國外同步。依染色體疾病檢查的細項多少，價格從1萬5000元到2萬多、3萬多都有，3萬多可以驗到很稀少的疾病，有20幾項可以用選配方式。現在也有羊水晶片檢查，媽媽聽完常常會問：「所以我現在到底要做什麼檢查？」

其實現在婦產科也在做精準醫療，也就是根據個人的狀況，例如家族很

正常，本人也不是高齡產婦，那就可以選擇第一妊娠唐氏症篩檢，五個月時再做高層次超音波，直接確認胎兒從頭到腳及器官、臍帶、胎盤、羊水量等做一系列詳細的檢查，萬一有異常，再進一步做羊膜腔穿刺或羊水晶片檢查，但是如果有家族病史，本身又是高齡產婦，就建議做抽血型的DNA檢測，加上高層次超音波，萬一有狀況，再安排抽羊水，根據個人情況做檢查，不會全部都做。

一般超音波

可確認胎兒的整體狀態，測出體重增加速度、羊水量、胎盤狀態等。同時確認器官是否正常。

高層次超音波

檢查週數建議於20～24週進行。可看到各個器官的細部結構，如尺寸、形態、結構等，但微小的胎兒缺陷，像是心室中膈缺損、主動脈弓狹窄或神經管缺損等等，無法完全辨識，所以發現有異常現象時，要再進一步做染色體檢查。

3D、4D立體超音波

3D超音波是電腦利用多張影像模擬胎兒的外觀，並且可呈現出胎兒的手指、腳趾、耳朵、臉蛋輪廓等。

4D超音波則是擷取3D影像的動態影片。

透過超音波技術檢測孕媽咪是否有葡萄胎、子宮外孕，或者子宮和卵巢是否出現異常。

自然流產的可能性增高

　　自然流產最常見的原因之一，就是染色體異常。卵子與精子的相遇，結合成受精卵，並進行活躍的細胞分裂，當受精卵帶有遺傳性缺陷時，就很難繼續正常發育。因此，當爸爸媽媽都超過35歲時，懷孕初期發生自然流產的機率就會增加。而且隨著年齡增長，女性的卵巢、子宮裡的血流量也會減少，無法供給足夠的血液量與荷爾蒙。因此，不能提供受精卵著床與成長發育的良好環境，就會提高在懷孕初期發生自然流產的機率。

- 以30歲為分界點的孕媽咪流產機率

30 歲以下	自然流產機率7～15%
31～34 歲	自然流產機率8～21%

妊娠糖尿病罹患率增加

　　懷孕期間血糖無法正常進行調節，使血糖指數維持在高於正常值的狀態，就稱為妊娠糖尿病。到了懷孕中後期，因受到胎盤分泌出的荷爾蒙影響，使得胰島素的阻抗性急遽加強，胰島素無法正常發揮功能，這時就會引發妊娠糖尿病。糖尿病本身就是隨著年齡增長而罹患率會增高的代謝症候群。妊娠糖尿病也會隨著孕媽咪年齡的增長而增加罹患率，所以必須做好萬全的準備。

罹患子癲前症的機率提高

　　子癲前症是指因懷孕期間血管內皮細胞的變化，而導致血管裡的血漿流到孕媽咪身體的第三空間。當血管裡的血漿減少時，血壓就會隨之上升，全身就會出現浮腫現象。血管中的血流量減少，通過胎盤輸送到胎兒的血液量也會跟著減少，就會導致子宮內生長遲滯。準媽咪也可能因要輸送到腎臟、腦部、肝臟的血液量減少，而導致併發症等。孕媽咪隨著年齡的增長，這種因為非正常的血管內皮細胞變化所導致的子癲前症罹患率也隨之增加。

剖腹生產的機率提高

　　高齡產婦生第一胎的難產機率會比一般產婦高。

　　當孕媽咪的年齡比較大時，結合組織或骨頭結合用的韌帶較不能順利接合，因而導致生產時不順利。年齡愈大，體力就會愈快消耗掉，產婦將胎兒往外推的力量也會減弱，難產的機率就會增加。

先天性畸形可能性提高

　　孕媽咪年齡滿 35 歲時，卵子功能會明顯下降。從一出生就在女生卵巢裡的卵子，直到排卵前，已經過了很長一段時間的停滯期，因而會出現無法進行徹底分離的染色體分離異常現象，進而導致胎兒畸形。同樣的，隨著胎兒父親年齡的增加，這種現象也隨之增加。

　　滿40歲以上的男性所生下的孩子，罹患染色體顯性遺傳疾病的機率也提高。染色體出現細微的缺陷與缺損，是卵子、精子的自然老化現象。

胎兒異常分為兩大類，一大類是屬於染色體異常，一大類是結構性方面的異常。所謂染色體異常，最常見就是喜憨兒，外觀都一樣兩個眼睛一個鼻子一個嘴巴的寶寶，但少數會有心臟破洞或兔唇，大部分用超音波圖沒辦法判斷，所以喜憨兒診斷要檢查染色體。

再來是結構性異常，例如腎臟少了一顆，手指頭少一根或多一根，心臟破洞或兔唇，比如說心室中膈缺損，寶寶出生以後再動手術補救。

有些寶寶的疾病，生出來以後可以矯正的，就不需要進行流產手術，盡量能先檢查出來為的就是在出生時就給他很好的治療，不然會延誤到治療時間。

有時候我會跟產婦的婆婆吵架，比如檢查出是兔唇的寶寶，她說既然知道寶寶不健康，為什麼要留下來？我跟她說現在唇顎裂可以修得很好，幾乎看不出來了，有唇顎裂的治療方式，也會提供羅慧夫顧顏基金會的連絡資訊，爸爸媽媽可以接受的，就會留下來。

不同孕期要特別補充的營養素

懷孕前3個月需要補充葉酸，第4個月開始需要攝取鐵質，
維生素D、Omega-3脂肪酸、鈣質都是必要補充的營養素。

在不同孕期，需要補充的營養素也大不同，懷孕初期一天的葉酸需求量為600微克。進入第4個月需要攝取鐵質，懷孕期間也要確認血液中的維生素D濃度，進入懷孕後期時，要開始攝取Omega-3脂肪酸、綜合維他命還有鈣，都需要注意補充的量以及食用的時間。

預防神經系統缺損等先天性疾病

葉酸

從懷孕初期至第3個月

從懷孕初期至懷孕第3個月，需要補充葉酸。葉酸屬於水溶性維生素，主要促進核酸與紅血球的生成。從受精卵著床前後期到懷孕第3個月，如果葉酸量不足，有可能導致胎兒罹患神經系統缺損等先天性疾病。

一般來說，葉酸需求量為一天600微克，從我們每天吃的米、麵粉等穀物，或是綠色蔬菜都含有豐富的含量，但從食物中攝取到的葉酸量平均為200微克。因此，我會建議在有懷孕計畫或懷孕初期，每天要攝取400微克的葉酸劑。如果之前曾產過罹患神經系統缺損的嬰兒，更會建議攝取量調高為400微克的10倍，也就是4毫克（mg）。

預防生長遲滯、智力發展不全

鐵質

從第4個月開始

從懷孕中期，也就是大概從第4個月開始需要攝取鐵質。需要的鐵質大約是1000毫克，孕媽咪增加血液量時所需的量為500毫克，胎兒與胎盤成形時所需的量是300毫克，多餘的則排出。服用鐵劑時，一般會伴隨噁心、嘔吐、便秘等胃腸障礙症狀，所以懷孕初期不建議服用。不過隨著血液儲藏量增加，到了懷孕第16週後，建議孕媽咪一天至少需補充6～7毫克的量。

因為人體對食物中鐵質的吸收率平均只有20%，很難從食物中攝取到足夠的量，所以會建議服用「含鐵量30毫克以上」的鐵劑，從懷孕第4個月左右至產後第3個月為止是服用鐵劑的適當期間。

一般鐵劑有藥丸、液體等形態，不同的鐵劑會隨著服用者的不同，產生不同的副作用，因此，孕媽咪只需依個人喜好，挑選吃起來方便的鐵劑並且持續服用即可。

預防骨骼發育不良、子癲前症、早產等

維生素D

人體經由陽光的曝曬而自然形成的營養素，可幫助骨頭吸收鈣質，是一種脂溶性維生素。即使每天都會受到陽光照射，但隨著個人的狀態、各個季節的陽光照射強弱不同，大部分的人都沒有得到充分的維生素D。孕媽咪的維生素D攝取量不足，對胎兒的骨骼形成、骨骼發達會造成不良的影響，並有可能導致子癲前症、早產等。

懷孕期間或準備懷孕時，需先確認本人血液中

懷孕期間或準備懷孕時

的維生素D濃度，並服用所需的維生素D。建議服用維生素D或含維生素D的綜合維他命。

Point

維生素D的主要功能
- 維護人體骨骼健康
- 調節血液中的鈣質濃度
- 控制上皮細胞、免疫細胞、惡性細胞等的繁殖與分裂
- 促進荷爾蒙的合成與胰島素的分泌
- 調節血壓

需要檢查維生素D的時期
- 懷孕前或懷孕初期的血液檢查
- 孕期畸形兒血液篩檢

幫助胎兒腦部發育、預防早產

Omega-3脂肪酸

Omega-3脂肪酸可以幫助胎兒腦部發育，為多元不飽和脂肪酸的總稱，可分成亞麻油酸、二十二碳六烯酸（DHA）、二十碳五烯酸（EPA）三種。其中DHA會幫助胎兒的智能發展，有效預防食物中毒、早產。從第三孕期（懷孕第28週～），是胎兒腦部發育最活躍的時期，因此，需充分提供腦部發育所需的DHA，一天至少攝取300毫克的量。

懷孕第28週

DHA在肉類、乳製品、植物裡的含量很少，大部分存在於脂肪多的魚類中。以平均每個星期吃兩次魚的孕媽咪為對象進行調查，結果顯示，DHA的一天平均攝取量為500毫克以上。換句話說，每個星期吃兩次魚的

健康飲食習慣，即可攝取到足夠的DHA，不需要額外攝取Omega-3脂肪酸。但因為大型魚體內的重金屬含量相對高，所以建議每個星期至多吃兩次即可。Omega-3脂肪酸中的EPA則具有阻礙止血的作用，因此一天避免攝取超過4公克的EPA與DHA，而且在臨產的第36週前後，就需停止食用。

Point

服用營養劑的正確時間
- 早上空腹：鐵劑、維生素C、葉酸
- 適合與鐵劑一起服用的營養劑：維生素C
- 需與鐵劑間隔6小時以上再服用的營養劑：鈣。維生素D很適合和鈣一起服用

降低妊娠高血壓罹患率

鈣質

懷孕後，一天攝取1000毫克就足夠了，

懷孕後

不需要額外服用其他補充劑，最佳的食物來源是牛奶、起司、鮕仔魚、豆腐等食物。

孕期的體重管理

體重過重，會提高剖腹、難產機率，還可能引起早期破水，產後容易併發慢性高血壓、糖尿病等後遺症。

懷孕時比懷孕前更容易發胖，肚子裡的孩子雖然很重要，但媽媽的體重過度的增加，對肚子裡的胎兒和自己都是一種傷害。那麼，孕媽咪該如何管理體重呢？

懷孕後的體重急速上升不僅會影響孕媽咪體型，引發各種病變外，也會對生產時造成許多影響，所以絕不能小覷。

懷孕後增加10～12kg屬正常範圍

如果孕媽咪體重過重，容易罹患高血壓、子癲前症、妊娠糖尿病等等。體重一旦增加，子宮周圍的脂肪層也會跟著變厚，這樣一來，生產時子宮就很難收縮，而提高難產的機率，且胎兒過大，需要進行剖腹的機率就會增高。還可能引起早期破水。其次，過胖的孕媽咪在生產後恢復的時間也比較長，而且容易併發關節疼痛、憂鬱症、慢性高血壓、糖尿病等。甚至造成產後瘦不下來。

懷孕後，羊水增加、胎盤變大，血液和組織液增加，身體的脂肪也會變多，體重自然會有一定幅度的增加。一般來說，臨近分娩期的胎兒約重3kg，胎盤和羊水約重5kg，一共8kg。如果將增加的脂肪一起算上的話，懷孕後增加大約10～12kg都屬於正常範圍。

孕前肥胖者

孕前就已經有過重情形的人，從懷孕到分娩的體重增加量應少於10kg，沒有必要特意為了胎兒增重。

孕前瘦弱者

孕前瘦弱的人在懷孕後體重增加範圍以10～15kg為宜。因為這類型孕媽咪如果在孕期內吃得太少，有可能因為胎兒吸收不到充足的營養、影響發育，而達不到正常體重。所以為了胎兒，請努力增重。

• 各體型的媽媽在孕期究竟能增加幾公斤？請參考下一頁的表格。

透過身體質量指數（BMI），來判斷是否過胖

單純透過外表無法正確判斷孕媽咪的肥胖程度。因為每個人孕前的胖瘦程度不一，體重增加的速度就不一樣。這是因為胎兒和胎盤、羊水的重量，以及產後和哺乳期所需熱量轉化為脂肪存在身體裡，體重自然而然就會增加了。

因此，原本就肥胖的人因為已經儲存了脂肪，所以增加的體重不多；而原本苗條的人因為沒有太多脂肪，為了多儲存一些，身體進行的代謝作用相對會減弱，不過原本就瘦的人在外型上可能不會有太大的變化，所以我們並不能單單從表面來判斷孕媽咪是否肥胖或是體重增加的幅度是否恰當。

測量方法

身體質量指數（BMI）

$$\boxed{懷孕前體重 kg} \div (\boxed{身高 m} \times \boxed{身高 m}) = \boxed{BMI}$$

計算結果

	BMI	<	18.5	過輕
18.5	≦ BMI	<	24	正常
24	≦ BMI	<	27	過重
27	≦ BMI	<	30	輕度肥胖
30	≦ BMI	<	35	中度肥胖
	BMI	≧	35	重度肥胖

孕期增重量建議表

孕前身體質量指數〈BMI〉	建議增重量〈公斤〉	懷孕中、後期每週增重量〈公斤〉
< 18.51	12.5 ～ 18	0.5 ～ 0.6
18.5 ～ 24.9	11.5 ～ 16	0.4 ～ 1.5
25.0 ～ 29.91	7 ～ 11.5	0.2 ～ 0.3
BMI ≧ 30	5 ～ 9	0.2 ～ 0.3

正確算出預產期

一般我們都會說「十月懷胎」，不過正確地說，懷孕期應該是267天。只要知道最後一次月經開始的日期，就能推算。

正常分娩時期

胎兒在母體內待的時間並不是固定不變的。

大致上從最後一次月經開始的日期算起的280天（10個月＝40週）可以被看做是懷孕時間。通常實際的分娩時間會比預產期快或遲1～2週。第一次生產的話，大多數胎兒會比預產期晚幾天出生，而非第一胎的孕媽咪則通常會比預產期提前一週生產。在懷孕37週～41週內生下來的都算是正常的足月胎兒，不用擔心。

而如果沒有足月但發生危險狀況的話，就需要進行剖腹產。通常有80％～90％的胎兒在懷孕32～34週時肺就已經發育成熟，在這個時期出生的嬰兒存活率會比較高。但如果懷孕42週後還沒有生產者，就需要人工誘導分娩了，否則胎盤一旦老化或機能衰退的話，會導致死胎。

預產期的4種計算方法

預產期的計算方法，通常是從最後一次月經開始的那一天算起的280天後即是預產日，很容易推算。另外，若是從受精日開始算起，則要扣掉2週左右的受精時間，所以預產期大約是267天後。

一般的計算方法

最常用的是，以最後一次月經的月份數減3，如不能減則加9；日期則用最後一次月經的開始日期加7。如下列第①點。

另有一個稱為「尼格爾規則」的算法：月份≧4時，預產期＝月份－3，日期＋7；月份≦3時，預產期＝月份＋9，日期＋7，如下列第②點。另外，月經週期非28天者，則必須修正，如30天為月經週期者，日期算出後要再＋2，例如最後一次來月經是2020年1月10日，那預產期就是2020年10月19日（月＝1＋9，日＝10＋7＋2）。

① 最後一次月經為2月9日：

> 2+9=11月，9+7=16日，
> 預產期為同年的11月16日

② 最後一次月經為9月25日：

> 9-3=6月，25+7=32日，
> 預產期為第二年的6月2日
> （因5月有31天，32－31＝1）

超音波計算法

　　如果搞不清楚最後一次月經日期，可以透過超音波檢查得知預產期。

　　超音波是透過測量胎兒從頭部到臀部的長度來計算預產期。通常在懷孕20週前就可以完成。懷孕4～7週能夠確定包裹胎兒的胎囊的大小，懷孕8～11週可以確認胎兒的身長，懷孕12週左右看到胎兒的頭部在正上方時可以透過側身長、身體週長、大腿骨的長度等確定懷孕的週數。

胎動計算法

　　在不確定最後一次月經的日期時，胎動是另一個方便的推算預產期的方法。

　　雖然胎兒在懷孕16週時會開始活動，但不會用力動到能讓人明顯感覺到的程度。媽媽能感覺到胎動的時間一般是在懷孕20週的時候。記住第一次胎動的日期並在診療時告知醫師，會對計算預產期有很大的幫助。為確保胎兒的正常成長，即使只知道最後一次月經的日期，醫師也會問到何時有胎動，幫助確認預產期。

子宮底高度計算法

　　這個方法是從懷孕中期開始，根據子宮底部的厚度來推測預產期的一種方法。懷孕6個月時子宮底的標準高度約為24cm，7個月時約為28cm，8個月時約為30cm。子宮底最高時是在9個月的時候，這是因為愈靠近生產期，胎兒愈往下落，子宮底的高度反而會變低。

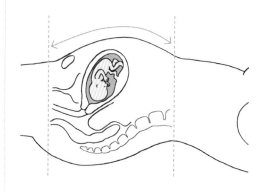

林醫生真心話

　　說來奇怪，許多孕媽咪平時有許多疑問，但常常一進入診間就將它們都忘在九霄雲外、不記得問醫師了。因此，我會建議媽媽們把自己身體感覺到的肚子抽痛、分泌物很多、感覺到胎動、有點出血……等等諸多五花八門的異常問題，發生時或想到時就立刻記錄在「媽媽手冊」上或便條紙上，這樣在產檢時就能馬上詢問醫師不會遺漏。

初期
0
Month

初期
1
Month
1~4週

初期
2
Month
5~8週

初期
3
Month
9~12週

初期
4
Month
13~16週

關於懷孕與生產，媽媽們最想知道的……

 好想知道，胎動到底是什麼樣的感覺啊？

剛懷孕時，是很難感覺到胎動的。但聽有些媽媽說，感覺下腹有空氣浮上來，還有就是覺得肚子裡面有小東西在動來動去……這種微妙的感覺，只有等胎兒變大些，才會感覺到明顯的胎動。

有些媽媽說，她在第16週的時候，開始有了些微感覺，直到第18週才真正感覺到書裡所說的胎動，感覺就像是氣泡爆裂了一樣，現在則像是有魚兒在肚子裡活繃亂跳，而且胎動會一天比一天更明顯。

其實胎動是可以透過儀器聽到聲音，在懷孕差不多20週的時候，就能明顯感覺到肚子裡有蠕動感，隨著每個星期的變化，可以感覺到的胎動，會更明顯。

有些懷第二胎的媽媽，能夠感覺到胎動的時間可能會提早。有些甚至會從第18個星期就能隱約感覺到有什麼在肚子裡踢來踢去，或是有東西在裡面漂浮的感覺。

 羊膜穿刺到底要不要做呢？真的很傷腦筋呢！

有些媽媽因為某些原因，像是高齡產婦或罹患過遺傳性疾病、曾生育過異常的胎兒，所以一直在做不做羊膜穿刺中掙扎。

大部分的媽媽會覺得做檢查的結果就算不好，還是會把孩子生下來，所以既然如此，為什麼還要多此一舉？

但有些前輩媽媽也說，她也是懷有異常兒的高危險群。當時和家人商量後還是決定不做羊膜穿刺。雖然當時覺得很辛苦，但是真正下了決心後，就覺得輕鬆多了。

雖然話是那麼說，但還是做個檢查比較好，否則與其在胎兒出生之前必須擔心個不停，還不如趁早做檢查。透過檢查確認寶寶的健康狀況沒有問題，不就可以安心了嗎。

除非有其他考量，像這類的檢查，還是建議要做，否則要是不檢查，到生產之前心都會一直懸著的。而且退一萬步來看，如果真的懷了異常胎兒，在知道檢查結果的時候雖然會很難過，但卻可以預先在心理和生理上有所準備。從這點來看，做羊膜穿刺還是必須的。

後期
8
Month
29~32週

後期
9
Month
33~36週

後期
10
Month
37~40週

PART 2

懷孕初期
1～4個月

準媽咪孕生活的基礎保健

確認懷孕＆正確掌握預產期
生活上要特別注意的事＆容易引發的疾病

1-4週 從受精到著床的初孕過程
懷孕1個月的大小事

常看到很多媽媽會在確認懷孕的那一刻，有點不安、手忙腳亂。
這個時期，除了身體發熱外，也可能出現頭痛、嘔吐。

媽媽的身體

身體出現微熱的症狀
受精卵著床時，有時會有出血的現象

當卵子受精2週後，受精卵才開始細胞分裂，所以懷孕一個月內是受精和著床的時期。而相當於懷孕0週0日的那一天，是以最後一次月經的開始日計算的。

當月經結束後，媽媽的卵巢裡，卵子會開始成長，子宮內膜也慢慢增厚，成為能懷孕的環境。在排卵的日子，如果月經週期是28天的人，是從最後一次月經開始日起的第14天左右，在這個時間點前後進行性行為，受精過程是卵巢排卵，精子從陰道上來，和卵子在輸卵管結合後滾到子宮著床。

雖然已經完成受精，但因為受精卵的著床尚未完成，孕媽咪的身體並不會出現明顯變化，子宮的大小還是如雞蛋般，雖然還未察覺出懷孕，但體溫會升高，身體覺得鬆軟無力。

受精卵著床時，有時會有出血的現象。內部會開始製造羊水，且受到黃體素的影響，身體會持續感到微微發熱，這樣的高溫期大約持續3週左右，有些人會伴隨下腹疼痛的症狀。

通常懷孕的第1個月最容易出問題。因為懷孕後會引發頭痛、嘔吐或是身體上的疲勞，很多人就會誤以為這是健康出現問題，而服用藥物。

所以，如果身體無故地感到疲倦，或者乳房變得敏感時，應該買一下驗孕棒進行測試，但有時即使懷孕了也可能測出沒有懷孕的陰性反應，所以最好還是到醫院接受檢查會比較保險。

- 身體開始感覺到寒冷，或者出現便秘的症狀，全身無力、想睡覺。
- 從外形上來看，媽媽的身體還沒出現明顯的變化，不過會像得了感冒，身體出現微熱現象。
- 可以開始推算預產期，但同時這也是流產可能性很高的時期。

林醫生真心話

很多人問我，性行為之後有沒有什麼姿勢可以幫助受孕？還有些人說要把屁股抬高？但我只能說，這些真的聽聽就好，因為並沒有研究數據可以證明。

卵巢排卵及受精過程

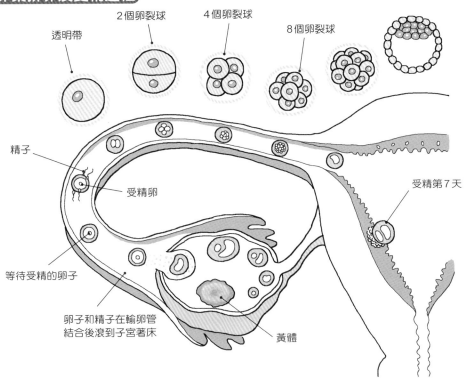

透明帶

2個卵裂球

4個卵裂球

8個卵裂球

精子

受精卵

受精第7天

等待受精的卵子

卵子和精子在輸卵管
結合後滾到子宮著床

黃體

初期
0
Month

初期
1
Month
1~4週

初期
2
Month
5~8週

初期
3
Month
9~12週

初期
4
Month
13~16週

後期
8
Month
28~32週

後期
9
Month
33~36週

後期
10
Month
37~40週

從低溫期上升到高溫期的過渡時間,其實就是排卵期。而懷孕時,高溫期會持續出現甚至到懷孕第15週為止。不過,除非每天都有測量基礎體溫的習慣,否則這種體溫變化並不容易自己察覺。

寶寶的樣子

即使用超音波檢查,也無法確認

卵子和精子相遇,成為受精卵,這段時期為懷孕的0～1週。受精卵在經過10天之後,會附著在子宮內膜上,慢慢地生長;然後再經過5天左右,受精卵會分裂成3個細胞群。因為此時的胎兒過小,還無法用超音波看清楚,模樣和小蝌蚪相似,腦部和脊髓的基礎神經管和血管系統、循環系統等幾乎已經成形。

超音波照片怎麼看

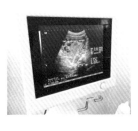

在醫學上我們用超音波預估寶寶的大小,以三個數值:頭圍、腹圍和腳長,來了解胎兒的成長情況,它會有電腦換算值,因為要換算,所以是參考值,誤差大概在一成左右。那麼,分布在超音波上的英文字到底代表著什麼?現在就讓我一一解析。

51

超音波圖上的標示

GS（胎囊的大小）

初期包著胎兒的「胎囊」的大小。藉由確認胎囊位置，就能知道是否有子宮外孕。

BPD（頭骨橫徑）

從13週時開始測量。從正上方看頭部，左右最突出的部分連在一起的長度。又稱為頭雙頂骨徑，測量胎兒頭骨左、右兩側的最大徑，是測量胎兒大小的指標，也可以用來測量懷孕週數，或者評估是否有異常的地方。

CRL（頭臀長）

頭臀長：指的是寶寶頭部到臀部的長度。胎兒在自然彎曲身體的狀態下從頭頂到屁股的長度。也被使用在8～11週時修正懷孕週數。

FL（大腿骨長度）

指的是大腿的長度。跟頭雙頂骨徑一樣，可以用來估計胎兒的大小、週數，以及四肢骨頭發育。從21週時開始測量，配合BPD和FTA等，用來預估體重。

TTD（腹部橫徑）

測量肚子橫向寬度的數值。對照中期以後懷孕週數來調查發育狀況時使用。

APTD（腹部前後徑）

腹部前後的厚度數值。有時會在懷孕中期以後推算預估體重時使用。

FTA（腹部橫斷面積）

在胎兒肚臍的位置橫切面的橢圓形斷面積的數值。利用來計算胎兒的預估體重。

GA

妊娠週數。

EDD

預產期，也就是寶寶預計出生的日子。

記號和英文字的意思

　　＋：超音波上面有＋的記號和英文字的暗號。預先了解意思的話，就能更容易了解寶寶的成長狀態，更加開心。

　　測量BPD或CRL等胎兒的身體時，從起點到終點會用＋（或是×）記號，測量這之間的長度。

超音波Q&A

Q 2D、3D、4D超音波檢查，差在哪裡？

A 2D：黑白畫面
3D：立體
4D：加了時間軸，可以看到寶寶在動

畫面上如果有兩個胚胎，就是雙胞胎。但也有類似像同卵雙胞胎的，一個卵，但裡面像是有兩個房子。

確認懷孕&正確掌握預產期

如果無緣無故感到疲倦，或是經期比正常時間晚了一週以上，最好趕快找醫生診察。

真的懷孕了嗎？儘快確認才安心

通常大部分的人第一次看婦產科，都是在懷孕的時候，除非之前有經痛厲害或有摸到腫瘤才有可能來看診。但其實看診時不是只有看小baby，也會看看子宮卵巢有沒有什麼問題？有些會有子宮囊腫、有些有子宮肌瘤，這些都會影響到孕程還有自己的身體狀況。所以，雖然使用驗孕棒就能知道有沒有懷孕，但還是到醫院做檢查會比較好。

經期比正常時間晚了一週以上，最好趕快找醫生診察

如果月經比正常時間晚了一週以上還沒來，最好趕快找醫生診察，儘早確認是否懷孕，以避免服用藥物而引起副作用，並減少在不知道已經懷孕的情況下，發生各種可能危急胎兒健康的狀況。

如果孕媽咪的月經週期為28天，從最後一次來潮的第一天到第14天後

的排卵期，卵子和精子相遇，成為受精卵。這段時期為懷孕的0～1週。受精卵在經過10天之後，會附著在子宮內膜上，慢慢地生長；然後再經過5天左右，受精卵會分裂成3個細胞群。因為此時的胎兒過小，還無法用超音波看清楚。

而第一次產檢時，一是看週數跟月經週期對不對，第二是看子宮卵巢有沒有什麼是會影響到寶寶的風險，包括有雙子宮或是要做唐氏症風險評估、絨毛膜羊膜評估、頸部透明帶檢查、多胞胎雙胞胎等等，這些在第一次產檢時就會一起做檢查。

懷疑自己懷孕時，可以做以下評估並確認

☑ 無緣無故感到疲倦，或者乳房變得特別敏感，可以先購買驗孕棒進行測試。但是即使懷孕了，也可能會測出未懷孕的陰性反應，所以建議還是到醫院接受檢查最保險。

☑ 如果是第一次到婦產科檢查，首先醫生會進行問診，並做尿液檢查，當結果顯示為懷孕後，仍會進行超音波檢查，進一步確認是否懷孕。

☑ 從基礎體溫表來看，低溫期上升到高溫期的過渡時間點就是排卵期。懷孕時，高溫期會持續出現2週以上，這甚至會一直持續到懷孕第15週，但自己不易察覺。

☑ 有些人會將懷孕引起的身體微熱誤以為是感冒而服用藥物。當懷疑自己可能懷孕時，要謹慎服用藥物。

當懷孕4～5週，應該要在超音波圖看到胚胎

當懷孕4～5週時，應該就可以在超音波圖看到胚胎，萬一看不到，就要擔心了。尤其當妳週期沒算錯，但又看不到，只有兩種可能：一種是寶寶壞在裡面，一種是子宮外孕。判斷的方式是，我們會抽血用懷孕絨毛膜指數去檢測，因為子宮外孕是會出人命的，所以懷孕時要最先檢查這一項。若發現子宮外孕，就會去打MTX化療針讓胚胎消下去，但是成功率只有75%，如果胚胎已經發育得很大了，就沒辦法只靠打針。

林醫生真心話

藥物會對胎兒造成不良的影響，而懷孕初期的症狀和感冒十分相似，所以許多人會錯把它當成感冒而服用感冒藥。因此，即使在尚未確定是否為懷孕的情況下，對已有計畫懷孕的女性，也一定要就診後，依照醫師指示服用藥物。此外，為了避免感染流行性感冒、德國麻疹或其他病毒性疾病，避免到人多的場所。

懷孕週數：判斷寶寶是否成熟的重要指標

判斷寶寶是否成熟的重要指標就是懷孕週數。懷孕從最後一次月經的第一天開始算（這是以週期28天的人來說），滿40週，我們就叫預產期，而滿37週就叫「足月」。因為懷孕週數是判斷寶寶是否成熟的指標，所以週數很重要！

而懷孕初期，大約會在11～14週檢查寶寶有沒有異常，第一個會看的就是心跳。寶寶的心跳之前在超音波圖上就是一閃一閃，可是到11～14週時，寶寶的頭、手、腳會一起發育，11～12週時，手腳四肢就會有晃動的情形，可以從超音波看出來，至於能看到手指頭是已經很後期了，寶寶的發育是先長器官再長肉，可能到5個月，看到他還是瘦瘦的，就覺得他營養不良，其實不是的，因為5個月的時候就是長那個樣子，等到9個月時看起來就會是肥軟肥軟的模樣。

預產期、足月不一樣？週數到底該怎麼算？

怎麼算懷孕週數？正確來說是從最後一次月經的第一天開始算加280天，滿40週，這叫預產期。是不是每個人都40週生產？不是！37週以後我們就叫「足月」，假如有個孕媽咪跟老公吵架動怒，結果38週就生了，這樣算「早產」對不對？不對，因為38週本來就可以生了。

尤其是有一些寶寶有異常，或是有一些媽媽有高血壓的，我們就會希望如果寶寶已經夠大了，就趕快讓他出來。

用超音波來校正預產期

所以，為什麼照超音波很重要！我們用超音波來校正預產期，例如說剛開始懷孕4～5週，寶寶在超音波圖裡面，你只會看到一個胚胎。在這裡一定要跟準爸爸們講，當門診醫生說：「恭喜，懷孕4～5週！」那4～5週是以最後一次月經來的第一天開始算的。因為一般月經來潮到下次排卵，大約兩個禮拜，所以說跟先生「在一起」的時間會比醫師說的預產期的時間再少兩個禮拜，也就是週數會有兩個禮拜的落差，因為是從月經來的第一天開始算，但月經來的第一天不是排卵啊，這一次月經跟下一次月經的中間，從月經第一天數來第13～15天，其中一天才是排卵日，所以說是在排卵期的時候受孕的，也就會有兩個禮拜的差距，這個觀念很重要。

因為我們是從月經的第一天開始

林醫生真心話

我發現有些先生陪著去產檢，然後醫生說：「恭喜你懷孕了！現在懷孕6週了喔！」結果先生想：「6週？不是4週前才「在一起」的，怎麼會是6週？」總覺得哪裡怪怪的？這時，醫生如果不解釋清楚，等一下夫妻倆就要吵架了。

Q 為什麼週數很重要？

A 因為我們要知道這個寶寶到底發育成熟了沒，從第一次月經來加280天來算預產期，但不見得每個人的月經都是28天來一次，有人30幾天，有人是40幾天，有些人3個月來一次，或是月經沒來的，像有些生完的媽媽，還在餵奶期的時候發現：「又懷孕了！」等於整整兩年，她的月經都沒有來，也是有這樣的。

算，所以醫學上的週數，跟實際在一起的時間點不一樣，大家會習慣從我什麼時候跟先生行房，把那一天當作孕期第一天，但是這跟醫學上的週數是不一樣的，這就是最容易被忽略卻重要的地方。

剛開始5～6週時，一個很小的妊娠囊就會跑出來，這個胚胎會產生一個卵黃囊，這個卵黃囊是供應胚胎的早期營養，我們台灣話說「孩子會自己帶糧草來」就是這個原因！能在超音波上看到一圈的形狀，7～8週就可以看到心跳，在卵黃囊的下方會有一個小白點，可以看到一閃一閃的有心跳出來，這個時候醫生一看就會知道你的週數大概是多少，之後再慢慢藉由看CRL，也就是頭臀徑觀察寶寶的大小。

初期 0 Month

初期 1 Month 1~4週

初期 2 Month 5~8週

初期 3 Month 9~12週

初期 4 Month 13~16週

後期 8 Month 28~32週

後期 9 Month 33~36週

後期 10 Month 37~40週

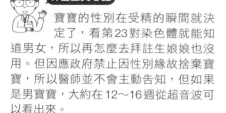

不要再騙我了喔,我現在已經知道「足月早產兒」是什麼意思了。

對於月經週期不規律的人來說,看超音波圖是很好的判斷方式,有些人記不清楚上次那個來什麼時候,或是月經結束的時候是哪一天?超音波圖在這裡就變得很重要,因為只要一懷孕,不會管你的週期怎麼樣,寶寶就會按照自己的週數成長,也就能正確推斷出預產期。

正確的預產期計算

從最後一次月經的開始日算起的第280天

要確定哪一天生產,有一些國外的公式可以推算出大概做參考,有一個叫加9加7的公式,就是月份加9,日期加7,就是預產期。不過這適用在月經週期比較規律是28天或週期在32、33的都還算準,你的週期再加減一週都可以。

醫學上有「足月早產兒」的笑話,就是有一些人有婚外情或其他的情況,但不想讓先生知道,明明沒有早產但硬要說是早產,可是寶寶出來明顯就很大。不過,站在我們醫生立場有時候要配合演出「對啦,是早產沒

錯!」但心裡猜想,這可能是足月早產兒吧!

但不管怎樣也不能造成人家夫妻失和,所以我們就會說「啊～他早產,八個月就生了,寶寶很大一個、很健康!哈哈哈!」

所以,照超音波是最準的,你沒辦法騙醫生,5週該是怎樣、6週該長到哪裡,醫生只要一看就知道大概什麼時候受孕的,但為了世界和平,還是妳知、我知就好。

1-4週 在日常生活要特別注意的事

準媽咪孕生活的基礎保健

懷孕初期容易流產，媽媽可能腦中充滿不安，不管做什麼都很小心翼翼，其實只要留意重點，就能像平常那樣舒服的度過！

1 染髮液

染髮基本上是不建議的，因為染髮劑會從髮根吸收，我們擔心某些成份會對寶寶有影響，甚至連擦美白保養品也不建議，裡面添加的A酸有激胎性，但如果有一定要化妝的時候，最好還是把化妝品給主治醫生看一下。

2 衣著

要選擇合適的衣料：初期不一定非得要穿「孕媽咪裝」，只要選擇彈性良好的彈力纖維或細毛料、針織衣料等衣服，以寬鬆、吸汗，身體感到舒適的、注意衛生就好。鞋子可選擇低跟、防滑、不擠腳的即可。

因為肌膚變得敏感，容易引起問題，所以染髮次數要減少。尤其對藥劑的味道會過敏的人要避免。

孕媽咪照一般診斷型X光，例如看牙醫那種，因為單次的輻射劑量非常小，不會對胎兒產生影響，請放心。

3 X光

在懷孕4週以前，因為是寶寶器官形成期之前，所以不用太擔心會對寶寶有影響。4～7週時依X光的量及部位有差異，但不會有太大的問題。只要記得做放射線檢查時要穿鉛衣保護腹部。

4 休息&睡眠&活動

每天睡足8小時，中午最好安排30分鐘的午睡。白天注意身心狀態，可做短暫休息。休息時抬高雙腳來促進下肢血液循環避免水腫的發生。對孕媽咪來說，散步是最好的活動，可做家務，但不可太過勞累。

5 開車＆運動＆旅行

開車、騎車以不要受到驚嚇或車速太快，但懷孕初期有出血或不穩定狀況的媽媽就要禁止，還是請人載一下或搭公車吧！

運動的程度依每個人狀況而定，是有彈性的，但有早產風險就不適合，而像極限運動就不可以。一般我們認為跑步會傷到膝蓋，所以對孕媽咪來說游泳其實是最好的，但在台灣會有水不乾淨的疑慮，或是人太多被踢到肚子反而變得危險，所以適合台灣的運動就是慢跑或快走這些可以增加心肺功能的運動。

6 洗澡＆性生活

懷孕會讓孕媽咪的新陳代謝力提升，由於荷爾蒙的變化，全身的分泌物都會增加。特別是在懷孕初期，會難以忍受這些分泌物，最好每天淋浴1次，但是淋浴的水溫不要太高，以20～24℃最適合，如果水太熱，血管會過度膨脹，導致血管組織變弱而出現妊娠紋！原則上這時期不需要特別禁止性生活，但如果曾有早產或流產狀況，最好懷孕的最初三個月及最後兩個月要避免。而孕期有子宮頸閉鎖不全或前置胎盤、未足月但有陰道出血及陣痛等情形者，就要絕對禁止性行為。

旅行要搭飛機的話會建議十二週以後到七個月這期間，但想要生外國籍寶寶的則另當別論！

懷孕第一個月，媽咪還是可以自行開車外出，但車速要慢一些；如果是本身容易緊張的媽咪，還是請人載一程吧！

攝取的營養要均衡

寶寶的營養，完全依賴著媽媽。所以媽媽的飲食生活，會左右寶寶的成長。偏食、吃太多、吃飯時間沒有規律，對母嬰都不好，所以現在就開始營養均衡的飲食吧！懷孕時必要的營養素包括：

- 碳水化合物（醣類）：成為活動身體的能量來源的營養素，像是米飯。
- 蛋白質：成為製造肌肉或血液的原料的營養素，例如肉、蛋、豆腐。
- 維生素：能增加對抗疾病或壓力的抵抗力，請多攝取當令的蔬菜、水果。
- 鈣：成為骨骼或牙齒的原料，對消除壓力也有幫助。

先兆流產、完全流產＆不完全流產？你該注意這些事

懷孕初期，大概在12週以前，會因為荷爾蒙的改變，出現不舒服的症狀，第一個就是害喜。

害喜是因為體內的黃體素一直上升，開始出現不舒服。有些人聞到味道就想吐，有些人腹部會有下墜感，因為子宮變大後，兩邊的韌帶開始收縮，就會脹脹的，剛開始會有像月經來的感覺，但這種感覺經過休息就會緩和。

我常告訴媽媽們，假如休息沒辦法改善疼痛，或是有出血就要馬上就醫，因為比較擔心是先兆性流產。

12週以前必須注意的流產

為什麼會有這種情形？其實懷孕初期會有1/10的比例胎兒沒了心跳，因為寶寶是從一個細胞，變成兩個，兩個變四個，四個變八個，在分裂的過程中，我們體內其實有品管機制，會去判斷，這個做得不健全，馬上會停止發育，所以10個裡面就會有一個沒有了心跳。不是說我今天懷孕了，加個280天，就會生出一個寶寶，不見得都是這樣，所以古代才會有個習俗是前三個月不講懷孕，那是因為在12週以前變數還很大。

如果產出畸形兒，就是身體機制沒有檢查到的，所以比較少見，大部分不健康的胚胎其實在早期就會自己流掉，還有比較勞累的時候，也就會動搖、出血，這就叫先兆性流產，如果是整個流掉，我們就要檢查看有沒有流乾淨，只要流乾淨就是完全流產，沒有流乾淨就是不完全流產。

先兆性流產

確定是正常在子宮內懷孕，就可以開始算預產期。透過看週數、看超音波圖裡面胎兒的變化，在6週會出現卵黃囊，6～7週後可以看到有一個閃動的區域，那就是有心跳的小胚胎，這時要特別注意出血狀況，懷孕初期，媽媽過於勞累也會引發出血，我們稱為「先兆流產」。

所謂先兆流產，是在未滿22週之前，雖然有容易流產的徵兆，但依然支撐著繼續懷孕中的狀態。只要流產的徵兆有適當治療，幾乎都能平安的生下孩子，不必過度擔心。

先兆流產的主要自覺症狀，有像生理痛一樣的下腹部疼痛或肚子緊繃、滴滴答答的持續少量的出血等，但如果不用超音波檢查確認寶寶的心跳等等，就無法知道正確的狀況如何。被診斷為先兆流產的話，在症狀

59

消失之前，都要靜養，出血嚴重時，也有建議要住院的案例。等症狀消失，就能回到正常生活。

完全性流產＆不完全性流產

胚胎發育不好時身體就會自動想要把它排除，能夠完全排除稱為「完全性流產」，萬一排除不完全就稱為「不完全流產」。

體內還有殘留時，可以用藥物或手術刮除。至於是吃藥還是手術？還是看個人習慣，但吃藥會有10～15％的機率仍會排不乾淨，會像月經來一樣，顏色也跟月經的血差不多，所以萬一流產後，出血持續超過一個禮拜，就是需要再去看診了。

過期流產

通常沒有流產的症狀，但是照超音波檢查後，發現胎兒沒有心跳了，這比較難自覺。

有可能原本吐得很厲害，但是有一天突然不吐了，下次來產檢時可能寶寶就已經沒有心跳了。一般來說懷孕的媽媽，80％都會孕吐，假如懷孕到7、8週都會吐，但有一天突然不吐，還感覺很舒服，那醫生就很擔心，果然一檢查就已經沒了心跳。因為一旦胚胎停止發育，黃體素、荷爾蒙等等就會恢復正常，孕媽咪的狀態就會舒服很多。

林醫生真心話

懷孕初期的媽媽說吐到不行，老實說我聽到其實很高興，因為表示肚子裡的寶寶長得不錯。如果說完全不想吐，我反而會擔心，會不會是寶寶沒心跳？所以有時候醫生的反應跟孕媽咪不一樣，吐得愈多我們越高興。

還有，以前的人都說剛開始懷孕不能講，加上以前醫療環境不好，所以都會送給寶寶金鎖片，以示要好好把他鎖起來，希望不要讓上天把寶寶帶走，其實有這層意義。

懷孕初期建議多補充葉酸

還有一種是空包彈，一般的胚胎會長出胚囊，胚囊有一半的地方會形成胚胎，另外一半形成所謂的人，形成人的那一部分停止發育了，但形成胚胎的部分持續在成長，這種就變成空包彈，早期懷孕的時候可能會有這些狀況，所以要注意營養的提供，主要以補充葉酸為主，它可以幫助寶寶腦部的發育，避免神經管的缺損等等，每天攝取400微克以上，葉酸的攝取以綠色蔬菜為主，但有些人因為吃不下吐到不行，建議可以直接去買葉酸補充劑來吃。

懷孕第1個月的注意事項

☑ 遠離酒、香菸、咖啡等。
☑ 為了健康的胎兒和幸福的懷孕生活，制定出懷孕計畫。
☑ 在下一次經期到來之前，小心使用藥物。
☑ 不和寵物有太親密的接觸。
☑ 不用過熱的水洗澡。

關於懷孕與生產，媽媽們最想知道的……

 我真的好怕陣痛，怎麼樣能減緩生產陣痛？

　　有的媽媽陣痛時痛到把床單扯破、有的媽媽一直緊咬牙根把牙齒都搞壞了，也有媽媽尖叫到聲音沙啞！雖然自己還沒經歷，但光聽到這些人的經驗就覺得可怕。到底該怎麼聰明戰勝陣痛呢？首先，尖叫並不是個好方法，因為這會讓呼吸變得不規律，反而容易造成氧氣不足、讓媽媽覺得更痛，對胎兒也不好。另外，也不要為了不叫出聲，就緊咬牙根忍耐、或是手用力抓東西，這些舉動在產後也可能會造成某些後遺症，讓媽媽變得很辛苦。

　　每個媽媽當然很希望能有速效的方法消除陣痛，不過最好的方法就是側躺並做腹式呼吸。在側躺狀態下伸直下面那隻腳，上面的腳微彎輕放在抱枕上，這個姿勢不會壓迫到肚子，也有助於順利把孩子生下來。此外陣痛來臨時，可以坐在椅子上雙腿張開、夾著抱枕或墊子，把下巴靠在抱枕上，或是坐在生產球上做旋轉臀部的運動，這樣也能稍微減輕陣痛。

 嬰兒服要準備幾套才夠？

　　親朋好友為了慶祝寶寶的誕生，都會送來生產禮物、彌月禮物，其中媽咪們最常收到的就是嬰兒衣了，但大部分的送的尺寸對新生兒來說都會有點太大，最好在產前自己先準備4～5件紗布衣，還有3～4套尺寸最小的貼身衣服，洗好備用。自己最好準備7～8套嬰兒衣比較夠用，因為寶寶常常會吐奶，一有奶臭味就需要馬上幫他換一件。

　　新生兒成長的速度非常快，會建議媽咪配合寶寶成長的速度，需要的時候買價位中等的嬰兒服就好。而且寶寶的體重增加得比想像中快，要準備大一個尺寸的會比較好。如果是冬天出生的寶寶，除了準備貼身衣服之外，也可以多備一件防寒用的太空衣。另外，寶寶的皮膚非常敏感，在買衣服時一定要先確認一下材質。以100%純棉的為首選，紀得要先洗過再穿。

5－8週 容易出現誤以為是月經的著床出血

懷孕2個月的大小事

這個時期要特別注意身體保健。媽媽的子宮開始變大，
基礎體溫出現高溫，但不是發燒，如果量到38度就是感冒了。

媽媽的身體

流產的機率很高；
全身無力，容易疲勞、想睡覺

　　很多準媽咪其實是這時候才到婦產科門診。這時子宮大約跟檸檬差不多大小，且容易出現誤以為是月經的著床出血。這個月會出現比較多的懷孕徵狀，例如會感覺到全身無力、容易疲勞、想睡覺、乳房腫痛、乳頭變得敏感，感覺像針紮著一樣，乳房上的血管清楚可見；也會有害喜嘔吐、痰變多、皮膚搔癢等情況，這些都是懷孕後會出現的正常現象，一般會持續到孕期第4個月。

　　這個月容易疲倦，要多多休息。由於胎盤尚未發育完全，胎兒的生長環境並不安全，流產的機率很高，要避免從事可能導致流產的事情，例如：劇烈運動（包括性生活）、搬或移重物等。而原本像小蝌蚪般的胎兒會

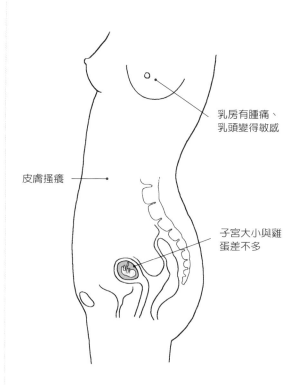

乳房有腫痛、
乳頭變得敏感

皮膚搔癢

子宮大小與雞
蛋差不多

愈來愈大，媽媽也開始意識到自己已經不是「一個人」了。由於懷孕的第4～7週是胎兒狀態不穩定的時期，所以如果有出血或小腹疼痛時，應立即到醫院進行檢查。

- 容易疲勞、頻尿。
- 乳白色的分泌物增多。
- 皮膚出現乾燥以及發癢的現象。

林醫生真心話

本月是胎兒各個身體器官發育的重要時期，如需用藥的話，請在醫師的指導下用藥，即使是害喜現象或是嚴重感冒，也不能隨便吃藥，必須向醫師諮詢後，採取合適的措施。

寶寶的樣子

可透過陰道超音波看到胚囊；身體是2頭身；眼睛或嘴巴的形成期

提供胎兒氧氣和營養的胎盤及臍帶已開始生長，透過超音波還可以看到胎兒心臟怦怦跳動的樣子，一般胎兒看得比較清

懷孕2個月

〔身高〕**2cm**
〔體重〕**4g**

楚大約是11～14週，整個臉部表情要看得清楚要到4、5個月以後，所以請不要太為難醫生啊！但是形成卵巢和睾丸的組織已經長好了。由於這個月的胎盤尚未生長完善，因此流產的機率較高，媽媽更要謹慎小心。

 寶寶現在是這個樣子

懷孕5週

肌肉·骨骼、心臟、肝臟開始形成

- 可透過陰道超音波看到胚囊。
- 頭部、肌肉、骨骼、心臟、肝臟、胃等開始形成。
- 未來5週是十分重要的成長時期。

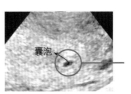
囊泡

懷孕6週

小小的心臟活躍地跳動著

- 身長約為1公分，連接大腦和脊髓的神經管等身體重要器官開始生長。
- 幼小的心臟也在活躍地跳動。

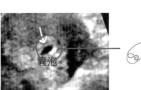
囊泡

懷孕7週

大腦迅速發育，變成兩頭身

- 愈長愈好，變成兩頭身。
- 頭部、身體、手臂、腿等已經長開，大腦也開始迅速發育；手指、腳趾、小小的五官也開始發育。

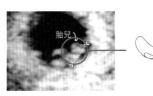
胎兒

懷孕8週

長出眼皮、心臟，腦部結構變複雜

- 類似蝌蚪尾巴漸漸消失。
- 心臟和腦部的結構變複雜，可以看出內臟的大致形態。
- 長出眼皮，鼻頭突出。

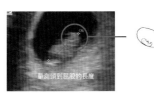
量測頭到屁股的長度

孕吐怎麼緩解？醫院怎麼挑選？

當吐到不行時因為擔心體內電解質不平衡，還是會建議住院，
醫院、診所選擇的關鍵點是接生設備是否完備？並能做緊急治療。

黃體素開始上升

　　害喜主要源於黃體素上升，在懷孕3個月時達到最高峰，從4個月開始就會逐漸變輕鬆。如果吐到不行，因為擔心體內電解質不平衡，還是會建議住院，我們也會讓孕媽咪補充維他命B_6，不行就吃止吐藥，有些媽媽不喜歡吃藥，就會吃些酸的，我們也會鼓勵吃一點東西，吐的時候還是會比乾嘔舒服。有些媽媽會說一直吐，吃東西沒有意義啊，但至少你吃五口吐兩口，寶寶還可以吸收到一些營養，

- 沒有食欲 ● 反胃或嘔吐 ● 空腹時反胃
- 總是很睏、很倦怠 ● 唾液積在口中
- 對味道變得敏感 ● 嗅覺變敏感

不要什麼都不吃。如果真的很不舒服，導致尿裡的酮體過高，會建議住院打營養針。

選擇吃得下的食物

　　懷孕後因為荷爾蒙改變，孕媽咪會開始比較喜歡吃些酸的或鹹的，但不建議吃太刺激性太辣的，除非你本身過去就是習慣吃辣的，如果是孕期特別想吃還是要避免。茶因為有成癮的疑慮，濃茶我們就不建議，但茶跟咖啡在12週以後，每天一小杯是可以的，有一說懷孕不能吃生食，但是日本媽媽每天都吃啊，為什麼不行？重點是要吃乾淨的食物，而且要儘量維持心情放鬆，只要媽媽感到愉快，寶寶自然也可以感受到。

寶寶的器官形成期

懷孕0週	1週	2週	3週	4週	5週	6週	7週
身體的器官		受精	著床	胚胎			
頭腦							
眼睛							
心臟							
四肢							
牙齒							
耳朵							
口唇							
腹部							

要去醫院？還是附近診所？到底該怎麼選？

到底要選醫院還是診所？這個問題常常困擾著孕媽咪。第一個要考慮的是診所裡面有沒有接生設備？如果沒有，那麼產檢到一半，你還是要去有生產設備的地方生產，而且如果是順產就沒有問題，萬一產程不順，時間點的搶救是很重要的，有沒有辦法緊急開刀？醫生有沒有讓寶寶接受緊急治療的能力？

假如生的是第三胎，而且前兩胎都還算順利，預期可以自然生產，甚至可能還沒痛就生出來了，那選在住家附近的診所應該沒有問題，離家近、醫生不錯、又有接生設備的。但是假如今天有高血壓、是高齡產婦，而且還胎位不正，當然就要選擇醫院，不僅有加護病房

且小孩又有人可以協助照顧，所以選擇的關鍵點就是對媽媽好，對寶寶也好。

需要全額自費的項目有哪些

以前沒有健保的年代，婦產科是最賺錢的，生產的醫療成本很低，因為自然產的器械大多可以重複使用，以前我老師的年代，醫學系前幾名都選婦產科，倒數幾名都選皮膚科，現在反過來了！以前的診所是愈便宜愈好，醫院相對貴，現在是診所越來越貴，標榜五星級、單人房，但它有個

如果都沒有保險的情況下，會建議減少自費的項目。假如是有保險的情況，我們病人贏、醫生贏、醫院贏，會是三贏。

初期 0 Month
初期 1 Month 1~4週
初期 2 Month 5~8週
初期 3 Month 9~12週
初期 4 Month 13~16週
後期 8 Month 28~32週
後期 9 Month 33~36週
後期 10 Month 37~40週

8週	9週	10週	11週	12週	13週	14週	15週	16週

胎兒

缺點就是沒有加護病房，順產就幫妳生，不順產，要顧慮媽媽寶寶會不會危險，就請到大醫院接受治療。

至於生產要花多少錢？假如完全使用健保，從待產到生產完、出院，媽媽的部分，自然產自付不到一千塊，剖腹產大概五千塊以內。需要全額自費的例如除疤貼片、美容線、防沾黏貼片等，一片大約17000～18000元，不同材質，費用也不同。如果本身有保醫療險的產婦，可以採實支實付的方式斟酌使用。

在醫院生的好處就是，我們有小兒科、加護病房，就寶寶照顧來說是比較好的，因為最好的保溫箱就是母體，今天寶寶生出來了，還要裝進保溫箱送到醫院，在轉移的過程中還是會有風險存在。相對診所就是隱私性夠，服務好，但收費就相對比較貴一些，還是可以請醫生評估。

有些人認為在醫院、診所生產太制式化，像工廠，所以有些人會選擇在家生產，又叫溫柔生產。有些醫師專門接受在家生產的指定，費用約八萬元起跳。甚至有水中生產，也就是泡在浴缸中接生，但是有危險性，需要簽切結書。不過我們還是會尊重產婦的選擇，有特別的想法時，我們會鼓勵提出來和醫生討論，自主選擇自己想要的方式。

至於是自然產還是剖腹產？健保有規定在特殊情況下才能剖腹產，如果並不是特殊狀況但產婦自己希望剖腹產，是需要完全自費的，且自然產的痛大約一～兩天，剖腹產可能會痛四～五天，還是要多跟醫生討論，但以我們的角度是鼓勵自然生產。

林醫生真心話

4個月以前如果沒有保住胎兒，就稱為流產。20週到37週出生，稱為早產。保溫箱一天約需要花費台幣一萬元，以前的時代，台灣沒有健保，寶寶住保溫箱，爸媽要賣房子讓他住的！曾經有國外的醫生來跟我們開會，後來閒聊發現對方還有遊艇，國外給醫護人員的薪水很高，我們是把醫護人員的薪水壓低，但健保幫民眾給付很多，不過我覺得我在台灣就好了啦！

生產需要全額自費的例如除疤貼片、美容線，防沾黏貼片等，不同材質，費用也不同。如果本身有保醫療險的產婦，可以採實支實付的方式斟酌使用。

曾經有國外的醫生來跟我們開會，閒聊發現對方有遊艇，國外給醫護人員的薪水真的高得讓人羨慕。

5-8週 衝脈之氣上逆，胃失和降是孕吐主因

嘔吐、頭暈，中醫師建議的飲食療法

大約50%以上的孕媽咪在懷孕6～12週，常會出現噁心嘔吐症狀，常見的原因可歸結為脾胃虛弱與肝胃不和兩種。

懷孕後出現噁心嘔吐，頭暈、食欲差不想吃東西，或是吃東西就馬上吐，在中醫稱為「惡阻」，也稱「子病」、「病兒」、「阻病」等。大約50%以上的孕媽咪在懷孕6～12週，常會出現噁心嘔吐症狀，12～16週就會漸漸消失，倘若情況輕微，不用吃藥也可自動痊癒。但孕吐嚴重的話，會影響日常生活，甚至心情也會受到影響。

中醫認為發生孕吐主要是衝脈之氣上逆，胃失和降所致，由於衝脈是從鼠蹊部的氣衝起，沿下腹部、臍上至胸中散布循環，所以害喜患者經常覺得有股氣從肚臍部位往上衝，一直悶到胸口；衝脈主血海，孕媽咪以血養胎，若不通暢則易影響胎兒，衝脈也與人體的胃經相關，因此這股氣如果不通暢就會出現噁心嘔吐，常見的原因可歸結為脾胃虛弱與肝胃不和兩種。

大約50%以上的孕媽咪在懷孕6～12週，常會出現噁心嘔吐症狀，12～16週就會漸漸消失，倘若情況輕微，不用吃藥也可自動痊癒。

孕吐主要是衝脈之氣上逆，胃失和降所致，所以害喜患者經常覺得有股氣從肚臍部位往上衝，一直悶到胸口。

• 脾胃虛弱

主要表現症狀 懷孕以後，噁心嘔吐不食，口淡或嘔出清水，疲倦想睡。

常見原因 脾胃本身虛弱，衝脈之氣上逆則可影響胃的功能，胃氣虛則使氣不易降下，反隨衝氣上逆而作噁，或是因為脾虛不運，痰濕內生，衝氣挾痰濕上逆而至噁心嘔吐。

• 肝胃不和

主要表現症狀 懷孕初期，嘔吐酸水或苦水，胸悶脅肋脹痛，噯氣嘆息，頭脹而暈，煩渴口苦。

常見原因 懷孕後陰血聚於下以養胎，陰血不足，若本身肝氣旺或愛生氣易傷肝，則肝氣愈旺，肝之經脈挾胃，肝旺侮胃，胃失和降而嘔惡。

用食療來緩解

1 山藥蔬菜湯

所需要的材料有山藥50克、香菇、紅蘿蔔、莧菜各20克。這是一道材料簡單的蔬菜湯,只要把山藥與紅蘿蔔去皮、切成小塊,再把香菇洗淨切小段,放入電鍋內鍋後,外鍋加1杯水,開關跳起後加入莧菜段調味即可食用。山藥具有補氣益腎,能改善產婦脾胃虛弱,以改善懷孕噁心嘔吐。

2 小米紅棗粥

所需要的材料有小米100克、紅棗10顆、少許的糖。先將紅棗洗淨去核切成小塊,小米加水煮開,加入切塊的紅棗熬煮成粥,最後加入適量白糖調味,以少量多食。小米具有健脾和胃、安眠,適合剛懷孕沒胃口想吐的孕媽咪顧胃氣。

3 砂仁鱸魚湯

所需要的材料有砂仁3克、鱸魚一尾、香菇數朵、薑絲少許。把所有材料放入電鍋內鍋後,外鍋加1杯水,開關跳起後即可食用。砂仁具有化濕行氣、溫中止嘔止瀉、安胎等作用,可在中藥行購得。鱸魚具有豐富蛋白質且有補氣作用,除了改善孕媽咪脾胃虛弱導致嘔吐外,也有補充孕媽咪因為過度嘔吐而缺乏的營養。

用茶飲來緩解

1 檸檬汁

用新鮮檸檬擠汁,加上適量的水調勻即可。具有生津祛暑,化痰止咳,健脾消食功效。孕媽咪食欲差、胎動不安的狀況,可喝蜂蜜檸檬汁,但飲用時要小口喝,且不宜空腹。

2 鮮薑甘蔗汁

準備鮮薑汁1匙與熱甘蔗汁1杯調勻即可飲用。甘蔗益胃和中,生薑下氣止嘔,甘蔗雖較寒,薑汁性熱,若合用則性較平和。可減緩孕媽咪胃氣上逆,反胃嘔吐。

噁心、嘔吐
中醫師食療法

關於懷孕與生產，媽媽們最想知道的……

 一定要準備嬰兒寢具組嗎？

其實嬰兒寢具組的活用度很低，當寶寶開始會翻身、活動範圍變大之後，市售的小睡墊就不夠用了。所以，可以先把大人的墊子摺起來代替，等寶寶會翻身再攤開來用，這樣更好。且新生兒都會包上包巾，不需要另外蓋被子，嬰兒的基本體溫比較高，不用蓋到厚厚的棉被，只要用薄毯子或毛巾蓋就好，這樣寶寶也會比較涼快、舒服。等寶寶開始會翻身、爬行的時候，就很難安穩地蓋好被子，這時讓他穿上舒眠背心會比較方便。

嬰兒定型枕則最好等寶寶 3 個月大以後再用。新生兒喝完奶之後，可能會出現吐奶情形、塞到氣管，所以把寶寶放床上時要注意讓他的頭轉到側邊，不要正面仰躺向上，萬一嬰兒定型枕的凹陷處剛好擋住寶寶的嘴巴和鼻子、讓他無法呼吸就會很危險。因此新生兒的時期，可以拿毛巾墊在頭的下方，等 3 個月大後再使用嬰兒定型枕就好，選購時建議挑透氣性佳、好清洗的產品。

 需要買嬰兒專用澡盆嗎？

嬰兒專用的澡盆是在生產之前或是從月子中心回到家裡之前，必須先準備好。如果是一個人要幫寶寶洗澡，就需要新生兒專用的澡盆，不然要托著寶寶的脖子幫他洗澡會很累。

因為從醫院或月子中心回家之後，就沒有醫護人員替寶寶洗澡，洗澡這項大工程就會變成爸爸、媽媽接手了。用大臉盆代替當然也可以，但是臉盆裡面沒有可以托住寶寶的地方，所以就會用到嬰兒澡盆，也一定要準備一個。

其中推薦 Shnuggle 月亮澡盆，這一款只需要放一點點水，水位就能升得很高、非常省水；而且澡盆很輕，媽媽獨力倒水也不會太費力。這個樣式的澡盆可以讓寶寶靠著或坐著，自己一個人幫寶寶洗澡也相當方便。

或者 IKEA 的 LATTSAM 這種稍微大一點的澡盆，底部有防滑條，大小比新生兒澡盆更大一些，也能容納寶寶長大一點之後的體積，所以使用的時間可以更久。如果要給新生寶寶用，可以另外搭配沐浴網，整組買起來的價格非常親民。

懷孕3個月的大小事

第11週起，害喜情況逐漸減輕。

媽媽的身體

8週開始大概會孕吐到14週
可以明顯感覺到子宮的微妙變化

大部分孕媽咪或多或少都會有害喜現象，而這個月正是害喜情況最嚴重的時期，但克服這段時期就會好多了，一般懷孕到第11週的時候，害喜情況便會漸漸減輕。當透過超音波清楚地看到肚中寶寶的那一刻時，滿足感好像迅速地戰勝了身體的不適。外觀上，雖然肚子還沒有隆起，但用手觸摸恥骨上部，可以明顯感覺到子宮的變化，乳房的改變則比上個月更明顯。

8週開始大概會孕吐到14週。黃體素濃度持續上升，到一個高峰期後就會減緩，就像搭電梯搭到一百層樓，在升高的過程妳會覺得耳膜脹不舒服，但是到了一百樓妳就習慣了、

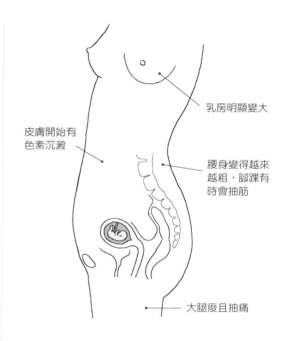

皮膚開始有色素沉澱

乳房明顯變大

腰身變得越來越粗，腳踝有時會抽筋

大腿痠且抽痛

- 子宮變大的同時有可能帶來便秘。
- 曾有皮膚問題的孕媽咪，皮膚會變得更乾燥，乾癢變嚴重。
- 肚子尚未隆起，但下腹部有壓迫感，乳房也很脹，胎盤慢慢地形成。
- 分泌物增多，要勤換內褲。
- 用超音波檢查能確認到寶寶的心跳。
- 頻尿，有便秘情況。

就好了。但有些人會對黃體素濃度特別敏感，一直吐到孕期結束，但愈吐醫生心裡其實愈高興，如果突然不吐了，反而會擔心寶寶是不是沒了心跳。

這時子宮和拳頭差不多大小，下腹部出現抽痛或腰痛，因為流向骨盆處的血液增加。為了阻止陰道內的細菌透過子宮感染給胎兒，所以陰道分泌物會增加，但如果分泌物呈現深黃色或凝固狀的話，有可能是感染了細菌，必須接受治療。

寶寶的樣子

器官的形成期
會踢媽媽的肚子，活動力十足

〔身高〕**9cm**
〔體重〕**20g**

　　這個月胎兒的身長約為9cm，體重約20g。已經和媽媽大拇指差不多大小的胎兒漸漸有了臉的輪廓，包括眼眶、嘴唇、牙齒、下巴和臉頰開始發育，基本臉部骨骼顯現，耳朵也開始發育，手部十根指頭分明，大腿、小腿和腳也已經分開，生殖器官也逐漸形成了。

林醫生真心話

　　懷孕的話，分泌物會增加，但這樣的分泌物要注意：有味道、顏色和平常不同、量比平常多，或是出現泡沫狀或是白色豆渣狀。

　　個人的清潔要特別注意，分泌物一般有點像蛋清，但是如果已經濃稠得像乳酪狀，有可能是黴菌感染，請趕快去看診吧。

寶寶現在是這個樣子

懷孕9週

身體會蠕動，可在羊水中游泳
- 器官的形成期，準媽咪要特別注意。
- 身體會蠕動，可在羊水中游泳。
- 手臂長長，可觸及心臟附近；腳可觸及上身。
- 還很難分辨出性別。

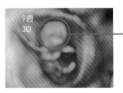

懷孕10週

心臟強力跳動，血液循環開始
- 開始具備人形，手臂、腿、眼睛等身體器官基本成型，臟器尚未成型。
- 身體常常在動

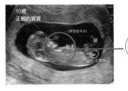

懷孕11週

透過超音波能夠聽到心跳聲
- 長出了體毛、汗毛，心臟、肝、脾、盲腸等內臟基本發育也成熟。
- 透過超音波能夠聽到心跳聲。
- 會踢媽媽的肚子，活動力十足。

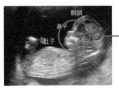

懷孕12週

大腦表面還很光滑，沒有皺摺
- 大腦迅速發育，所以頭部比其他部分大得更快，約和乒乓球一般大，占身體的1/3。
- 大腦表面還很光滑，沒有皺摺。
- 一部分骨頭開始變硬。

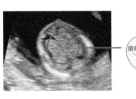

9-12週 害喜最辛苦的時期，但流產可能性降低

生活上要特別注意的事&容易引發的疾病

避免壓力過大、多多攝取葉酸、少吃速食，對於便秘、頻尿等等
生活上的不便，媽媽請坦然接受吧。

生活上要特別注意這6件事

1 減少壓力

懷孕初期的生活應注意避免壓力
過大。一般來說孕媽咪會因為懷孕的
負擔而變得敏感、情緒起伏大，因此
更需要另一半的體諒與順暢的溝通，
要保持愉悅的心情，先生這段時間請
多陪伴媽媽、減少應酬。

2 多多攝取葉酸

葉酸是維生素B群的一種，對胎
兒的DNA合成和腦部機能的成長發育
有很大的幫助，還能預防胎兒脊柱裂
和兔唇等畸形狀況。孕媽咪最好從懷
孕前開始，每天攝取400微克的葉酸。
富含葉酸的食物有菠菜，或是奇異
果、柳丁、草莓、南瓜、花椰菜等。
葉酸成分會因受熱而遭到破壞，所以
煮時要避免氽燙時間
過久。

3 不要吃速食

懷孕期間最好不要吃速食食品或
加工食品，因為這些食品所含的鹽分
高，容易引起子癇前症，而且還會導
致產後肥胖。取而代之的，請多多食
用以新鮮食材直接製成的食品。至於
生魚片之類生肉，除了要夠新鮮，記
得不過量，淺嚐即可。

4 保持適當的室內溫度

在懷孕期間，如果長時間身體過
度暖和，會消耗體內的氧氣，皮膚會
變得粗糙，胎兒也會變得虛弱。相反
地，如果身體過於寒冷，會容易感
冒，因此，最好將室溫保持在18～
20℃。特別是在懷孕前3週，泡澡不能
使用超過42℃以上的熱水，也不能進
入健身房的蒸汽室。

菠菜，或是奇異果、柳丁、
草莓、南瓜、花椰菜等富含
葉酸。但葉酸會因受熱而遭
破壞，煮時要避免氽燙時間
太久。

5 遠離電磁波

微波爐、手機、電腦等電器用品所散發的電磁波可能會對胎兒和孕媽咪造成傷害。雖然目前還無法證實電磁波所引起的副作用，但還是有帶來不良影響的疑慮。所以睡覺時手機要關機；使用微波爐時，最好可以暫時離開；避免過度使用電腦，如果一定要使用，最好穿上具有防止電磁波輻射的圍裙。

避免過度使用電腦，電磁波所引起的副作用，雖然目前無法證實對胎兒和孕媽咪造成傷害，但還是有帶來不良影響的疑慮。

6 保持正確的姿勢

受精卵開始附著在子宮內的懷孕初期，不要蜷縮地坐著。這樣的姿勢會對子宮造成壓迫，使陰道口打開，也不利於受精卵著床；另外，也不要從事激烈的運動、提拿重物，或是身體直接向前彎拿起東西的動作。

懷孕期間因為肚子會愈來愈大，所以疼痛也會增加。因此，請從這個時期開始，就要保持正確的姿勢，也要避免長時間持續相同的姿勢，累的話就躺下來休息也很重要。

初期 0 Month
初期 1 Month 1~4週
初期 2 Month 5~8週
初期 3 Month 9~12週
初期 4 Month 13~18週
後期 8 Month 29~32週
後期 9 Month 33~36週
後期 10 Month 37~40週

這個時期需要做的定期產檢

1 懷孕初期超音波

這個月透過超音波檢查可以看見胎兒的心臟跳動，還可以測量胎兒從頭頂至臀部的長度，了解成長情況，更準確地推算出預產期。

2 絨毛膜取樣

一般來說，畸形兒檢查在懷孕4週後做比較合適。懷孕初期擔心流產、家族中有遺傳病史、曾懷過畸形兒的孕媽咪及高齡孕媽咪等，都應在這個月接受絨毛膜取樣，它能準確地檢查出胎兒是否有先天性畸形，也是它優於血清篩檢和羊膜穿刺之處。

在孕期第9～12週時，先透過超音波檢查確定胎兒的位置，然後再透過導管抽

取絨毛膜的一部分。提取出的絨毛膜可以直接依照染色體標本製作方法來分析或培養，以用於比較分析胎兒細胞內的DNA因子遺傳。

透過絨毛膜取樣檢查可以確認胎兒是否有聽覺障礙、腦部發育遲緩（現有的染色體檢查能診斷出胎兒是否患有唐氏症，但不能診斷出胎兒是否有腦部發育遲緩）、遺傳性的腦性麻痺、先天性睪丸發育不全、血友病、腎功能不全等等，都能一併檢查出來。

• 這個月媽媽應該多喝牛奶、柳橙汁，多吃低脂乳酪等富含鈣質的食物。

這個時期容易引發的狀況

1 便秘

懷孕後很多孕媽咪開始飽受便秘之苦。懷孕初期的便秘是由於雌性荷爾蒙分泌增加，引發大腸機能鈍化而導致的。若兩、三天才上一次廁所，但只要能夠順暢排出大便的話，就沒有問題。但是連著幾天大不出來，或是因為大便變硬而得痔瘡的話，就要到醫院檢查，並告知醫師懷孕的情況，再接受適當的治療。

緩解便秘這樣做
1. 早上起床空腹時，一杯水分3～4口，慢慢喝。
2. 喝優酪乳能夠促進腸胃運動，是消除便秘的好方法。但是不能過量，一天喝一小瓶約240ml左右的量比較恰當。

2 膀胱炎

由於子宮在懷孕過程中會不斷變大，擠壓到膀胱，所以容易罹患膀胱炎。症狀是常有尿意、小便後仍有餘尿，且小便時會感覺疼痛。如果膀胱炎在早期得到治療的話，復原時間快且對分娩沒有影響，但若擱置不理，膀胱炎就有可能惡化為腎炎。因此，孕媽咪應該趁早接受治療。膀胱炎的治療不會對胎兒造成傷害。

避免膀胱炎這樣做
1. 不要憋尿，即時去上廁所，並養成外出前先上廁所的習慣。
2. 平時要多喝水，上廁所時要讓膀胱能完全地清空。

3 分泌物

懷孕初期孕媽咪的陰道分泌物會變多，如果平時不注意清潔的話，很容易就會引起搔癢。由於這是懷孕的正常生理現象，所以不用太擔心。但是要小心念珠菌感染等陰道炎。

預防細菌感染這樣做
1. 最好早晚更換內褲，並保持私密處清潔乾燥。
2. 沐浴或清洗私處後，可以用吹風機吹乾外陰部。
3. 排便後，可以先用濕紙巾擦拭，且衛生紙要由前往後擦拭，預防細菌感染。

4 頭痛

原先不會頭痛的人在懷孕初期也可能飽受頭痛之苦，而原來就有偏頭痛的人在懷孕後，會變得更加嚴重。這主要是由於荷爾蒙的分泌改變，而導致自律神經的變化而產生的。而害喜現象所引發的壓力則會影響脖子和肩膀的痠痛。

緩解頭痛這樣做
1. 舒服地躺著，以解除心靈和身體的緊張感，同時回想美好的事物，讓因為壓力而變敏感的神經平緩下來。
2. 端正地坐好，用雙手自然地貼在自己的前額和後腦勺上，再輕輕地按摩3次。重點是施力時，要以能夠消除頭痛，並讓人感到舒服的力度來自我按摩。

5 子宮肌瘤

子宮肌層細胞發生突變，長出一個突出來的肌肉瘤，稱為子宮肌瘤。當子宮肌瘤在子宮外部突起時，並不會對懷孕或生產時產生太大的影響。但是，長在靠近胎盤上的肌瘤可能會對胎兒的生長產生障礙，或是導致流產、早產等情況，應該定期深入地追蹤觀察。

肌瘤處理這樣做
1. 若子宮肌瘤不超過3cm就不需要太擔心，但肌瘤有可能再變大，所以應該持續觀察。
2. 肌瘤太大或是位在子宮頸附近時，有可能阻塞產道，使自然分娩的難度變高，孕媽咪接受剖腹生產的機率變大，並有可能造成產後嚴重出血，在此情況下，孕媽咪要在能夠提供緊急輸血的醫療機關接受手術比較安全。

6 子宮頸瘜肉

子宮頸瘜肉是指位在子宮頸，黏膜細胞增生出來的突出小肉。子宮頸瘜肉大部分都屬於良性腫瘤，並且在分娩時會自動剝落。一般來說，出血量很少或是偶爾出血的話，可以只檢查不處理。

出血頻繁時這樣做
時常有出血的情況時，要透過手術把瘜肉切除，必要的話再進行組織切片檢查。

7 眩暈

雖然懷孕初期的眩暈可能是由於貧血導致，但是低血糖的可能性也很高。這是因為孕媽咪所吸收的大量食物都供給胎兒，即使想透過多吃東西來增加血糖也無法馬上看到效果，加上懷孕期間的血壓不穩定，當突然站起來的時候，就可能會感到眩暈。

緩解眩暈這樣做
1. 為了不讓血糖突然降低，要實行少量多餐。
2. 服用抗貧血藥。但是，懷孕初期就開始服用抗貧血藥會加劇孕吐情況，因此在懷孕4個月時再開始服用會好些。
3. 感到眩暈時，可以坐著或躺著休息一下。如果仍然感到頭暈的話，就把頭趴在膝蓋上再多休息一下。

8 出血

子宮外孕：陰部突然有少量血液流出，嚴重腹痛，並且血壓急劇下降，有可能陷入休克，這種情況應及時進行手術。

- 流產：懷孕初期的流產症狀會有少量的出血，大部分的人下腹部幾乎不會感到痛。原因大多是因為胚胎發生異常導致胎兒無法存活，基本上沒有改善方法。
- 子宮頸糜爛：懷孕期間出血的首要原因。雖然子宮頸有紅腫出血的現象，但對懷孕不會造成影響，必要時需要透過切片檢查確定是否為癌細胞。
- 葡萄胎：症狀會從懷孕初期就開始，噁心或嘔吐情況格外嚴重，並且覺得肚子脹脹的，3、4個月以來有反覆出血的情況。

出血處理這樣做 有出血情況要立即到醫院接受檢查。

林醫生真心話

所謂的子宮外孕，就是精子跟卵子結合後，沒有來到子宮著床，那就是子宮外孕，可能在輸卵管愈長愈大後，可能到8～9週就會破裂而造成內出血，另外還有卵巢懷孕、骨盆腔懷孕等等，不過比較少見。大約90%都是輸卵管懷孕，所以懷孕的第一步就要確認是子宮內或是在子宮外，只要做超音波就可以知道。
而容易引起子宮外孕的位置，包括輸卵管間質部、子宮頸、輸卵管、卵巢、腹腔。假如精子跟卵子結合後，他滾到子宮以下或者以外，就變成卵巢懷孕或是腹腔懷孕，這些機率很低，子宮頸懷孕是掉得太深，精卵結合後掉到子宮頸口，比較多情況是前一胎是剖腹產，或是子宮頸有疤痕造成的。

妊娠糖尿病

妊娠糖尿病是懷孕期間常見的病症之一，所以不論有沒有家族病史，都建議懷孕24週～29週時做篩檢。萬一確診，必須在產後6～12週再次接受篩檢，評估是否有發展成慢性糖尿病的可能。

若確診為妊娠糖尿病的孕媽咪，要配合醫師建議，由營養師指導做飲食控制，若血糖值仍偏高，則需遵照醫師的指示接受口服降血糖藥或胰島素注射治療。

血糖檢測正常值：
空腹小於 92mg/dl
喝下糖水後 1 小時小於 180mg/dl
喝下糖水後 2 小時小於 153mg/dl

測血糖方法

檢查前禁食八小時以上	空腹抽血	5分鐘內喝糖水
禁食任何含熱量的飲食，只允許喝白開水	每隔1小時抽血一次（連同喝糖水之前的一次，總共要抽三次）	下一次產檢時可得知檢驗結果

妊娠糖尿病是懷孕期間常見的病症，若確診為妊娠糖尿病的孕媽咪，要配合醫師建議，由營養師指導做飲食控制。

從懷孕的那一刻開始，乳房會為了哺乳做準備，因此會變得特別敏感，有時還會出現刺痛感，這是因為乳房組織受到泌乳激素以及黃體素刺激增長，出現類似經前乳房脹痛的不適感。

這個時期最容易有感的身體變化

• 乳房脹痛感：懷孕初期，乳房或乳頭會一直感到疼痛，就像月經來潮時的疼痛感一樣，即使是輕輕觸碰乳頭也會有痛感。

• 頻尿：子宮變大時會壓迫到膀胱，導致小便也變得困難。再加上荷爾蒙的變化引起膀胱黏膜變得敏感，尿液量不多時也會想要上廁所。

• 下腹部緊繃：隨著子宮的變大，使得子宮左右側的肌肉緊繃而出現的症狀。但是，下腹部的疼痛也可能是由於子宮外孕或闌尾炎等引起。因此如果出現有異於平時的疼痛感，或是有劇痛發生，應立即到醫院接受檢查。

• 失眠：懷孕後也可能飽受憂鬱症或睡眠障礙所苦。不過，肚子內的胎兒還是會按著自己的睡眠規律睡覺，和媽媽睡眠的時間沒有相關，所以，即使媽媽無法入睡也不會對胎兒造成太大影響。但若長期有睡眠障礙，或是在職孕媽咪，建議要尋求主治醫師的幫助，別自己一個人辛苦。

子宮變大後會讓左右側的肌肉變得緊繃。不過下腹部的疼痛感也可能是因為子宮外孕或闌尾炎所引起，一旦出現異於平時疼痛，甚至出現劇痛，就要立即到醫院。

懷孕第3個月的注意事項

☑ 為自己制定一份好實踐的營養均衡菜單。

☑ 充分地攝取鈣質。

☑ 每天喝 8 杯左右的水。

☑ 每天只能喝 1 杯咖啡。

☑ 注意在懷孕 12 週內的藥物服用，均需由醫師開立。

☑ 避免受寒或滑倒，預防流產。

☑ 穿上白色的棉質內衣。

9-12週 透過穴道按摩來緩解不舒服的感覺

緩解嘔吐、便秘，中醫師建議的穴道按摩

想要緩解噁心、嘔吐感，可以按摩體穴上的太白、足三里、內庭、內關這四個穴道，還有耳穴上的胃點、神門、賁門。

緩解噁心感，可以按壓4體穴、3耳穴

達到寧心、安神、止嘔的功效

太白、足三里、內庭、內關4處體穴多多按壓

太白穴為足太陰脾經經絡循行的穴道，可用來治療胃脹氣、噁心嘔吐及消化不良；足三里及內庭為足陽明胃經的主要穴位之一，足三里具有調理脾胃、補中益氣，對於嘔吐、噁心、便秘皆可緩解。內庭則具有清胃熱，化積滯（消化不良）功效；內關為手厥陰心包經循行穴道，具有寧心、安神、和胃、寬胸、降逆以及止嘔等功效。

胃點、神門、賁門3處耳穴多多按壓

藉由按壓耳朵上的胃點及賁門點可緩解嘔吐及胃酸逆流，按壓神門則可寧心安神，以改善孕媽咪因孕吐不適造成的情緒低落。

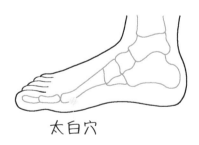

太白穴

太白穴可用來治療胃脹氣、噁心嘔吐，還有治消化不良，調整脾胃的功能。

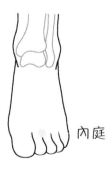

內庭

內庭在足背上，位於第二與第三趾骨的凹陷處。按壓這個穴道，具有清胃熱，化積滯，也就是緩解消化不良的功效。

這4個穴道禁止按壓

包括合谷穴、肩井穴、三陰交、至陰穴，這四個穴位對於準媽咪來說，是禁忌穴位，要避免按壓。

合谷穴	按壓合谷穴可以疏通氣血，通經活絡，達到止痛的效果，但是對準媽咪來說，過度按壓合谷穴容易引發先兆性流產，必須謹慎小心！
肩井穴	對一般人來說，肩井穴是很好的按摩部位，可以減輕肩頸痠痛、落枕。但是對準媽咪來說，如果不小心太用力刺激肩井穴，容易造成休克，對胎兒不利。因此老人家經常告誡：「不要用力拍打孕婦肩膀，會流產。」就是因為位在肩膀的肩井穴的緣故。因此，按摩時要儘量小心避開此穴。
三陰交	對不論是經期不順、經前症候群、更年期不適等的一般女性，可以透過按摩此穴來改善，但是對孕婦來說，過度按壓三陰交穴會影響胎氣，讓子宮收縮，反而會有流產的危險性，因此，按摩孕媽咪腳部時一定要小心避開此穴。
至陰穴	一般來說按摩至陰穴可以散熱化氣，有效舒緩頭痛，對皮膚痛癢也很有幫助，但對孕媽咪來說，按壓至陰穴會讓子宮收縮，有流產危險性。若為胎位不正的孕媽咪，除了可以多做相關運動外，也可用艾柱薰灸至陰穴，以改善胎位不正，但提醒孕媽咪還是要經由合格中醫師來執行較為安全！

避免拔罐和刮痧

懷孕時也盡量避免拔罐和刮痧，因為拔罐和刮痧比較耗氣動血，容易影響到胎兒，嚴重甚至有流產之疑慮。

耳穴也盡量避免過度揉壓子宮點及卵巢點，避免子宮收縮影響到胎兒。

消除便秘，
中醫師教妳這樣做

懷孕時由於媽咪需提供大量血液供給胎兒營養，如果準媽咪營養不足，便容易變成血虛體質，血虛久了易變成陰虛，陰虛後缺血更嚴重，此外，情緒起伏變動或是生活習慣改變，也容易變成血燥，血燥就會導致胃腸津液不足，也會導致便秘，在整個孕期當中都有可能出現大便難以解出的情況，尤其後期因為子宮撐大，身體結構上的改變壓迫到直腸，影響大便的排出，這也是許多準媽咪害怕

許多孕媽咪想解解不出來，又怕用力解便會影響到胎兒。在中醫可初步分為腸胃津液不足、血虛火燥及氣血俱虛。

的，想解解不出來又怕用力會影響到胎兒，這在中醫可初步分為腸胃津液不足、血虛火燥及氣血俱虛三種。

腸胃津液不足

有可能是產婦先天體質偏向陰虛，大便乾結堅硬，平常容易口乾舌燥，不一定會想喝水，可食用山藥白木耳蜂蜜甜湯，以增加腸胃津液，促使大便不會太硬，此外也要調整作息，不可熬夜。

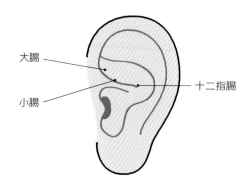

大腸

小腸

十二指腸

血虚火燥

平常作息不正常、習慣性晚睡、日夜顛倒的孕媽咪容易帶有血虚火燥體質，經常會有口臭、大便乾硬、口渴想喝水或吃冰，難以入眠，手心腳心經常有一股熱氣冒出來的感覺，可以使用麻子仁加白米熬成粥食用，麻子仁具有豐富的維生素B群，也具有潤腸使排便順暢，也可食用火龍果香蕉蜂蜜汁，火龍果具有明目降火與美容功效，飲食上要注意避免食用辣椒、花椒、炸類食物。

氣血俱虚、虚寒

懷孕前經常大量飲用冰飲的產婦容易有虚寒體質，虚寒再更嚴重就有可能氣血俱虚，平常容易手腳冰冷、臉色蒼白、頭暈、有便意難以解出、胸悶、疲倦的媽咪，要注意盡量不要食用瓜果類食物（南瓜和木瓜除外），此類食物屬性偏寒冷，可以食用麻油薑絲炒豆皮，麻油具有豐富維生素B群，屬性溫，豆皮具有豐富纖維質，可以促進孕媽咪腸胃蠕動。

緩解便秘的穴道按摩

體穴：足三里、支溝

足三里是「足陽明胃經」的主要穴位之一，是一個強壯身心的大穴，可使胃腸蠕動有力而規律、幫助消化、調理脾胃、補中益氣，適度按壓可以改善解便困難。支溝為手少陽三焦經之經穴，具有清熱理氣、降逆通便，使用一側拇指指腹按住支溝穴，輕輕揉動，以酸脹感為宜，支溝穴是治療便秘的特效穴。

耳穴按壓：十二指腸、小腸、大腸

藉由按壓耳穴上的十二指腸、小腸、乙狀結腸、大腸可以促進腸胃蠕動，改善排便不暢。

相關運動

將雙手交疊放在肚臍旁，以順時針畫圈按摩腹部，可以促進腸胃蠕動，減少便秘現象。

關於懷孕與生產，媽媽們最想知道的……

 Q1 奶瓶、消毒鍋……，哺乳用品需要準備什麼？

如果是生完後會直接從住進月子中心的媽咪們，除了哺乳內衣、護腕之外，不需要特別準備其他哺乳用品。就算母乳量很少，需要混合配方奶也不用擔心，可以使用月子中心準備的奶瓶和奶嘴頭。

不過，如果計畫要持續親餵，擔心寶寶會出現乳頭混淆的問題，建議可以買個仿真乳頭奶嘴頭和搭配的奶瓶備用，如果是母乳量很多，則可以買母乳袋，把擠出的初乳裝在裡面冰起來。

母乳量少、需要混合餵奶或全程餵配方奶的話，基本上就需要準備奶瓶、奶嘴頭、奶瓶清潔劑和奶瓶刷，除了這些之外，還需要煮奶瓶的不銹鋼鍋或奶瓶消毒鍋，這些可以事先在網路上訂購。

母乳量多、需要擠奶的話，可以參考在月子中心用過的擠乳器來選購；如果是餵配方奶，通常寶寶會繼續喝之前在醫院或月子中心喝的奶粉。要是想換別種奶粉，可以在原本的奶粉先加一點，之後再慢慢增加到完全適應再更換會比較好。

如果確定要餵寶寶奶粉，就先準備7～8組160ml 的奶瓶和奶嘴頭、1個奶瓶消毒鍋、奶瓶清潔劑、奶瓶刷、奶嘴刷，還有寶寶在醫院或月子中心喝過的奶粉牌子1～2罐，擠乳器可以先在醫院或在月子中心試用看看，等真的需要擠乳時再買就可以了。

 Q2 一定要有哺乳枕嗎？

有哺乳枕的話，基本上可以讓媽媽的手腕和手臂不用那麼累、減少腰部的負擔，還能讓你輕鬆掌握正確的餵奶姿勢，但缺點是等寶寶稍微再長大一點就用不到了。寶寶到3個月大左右，餵奶的時間就會變長，媽媽的手腕、腰等部位的負擔都會愈來愈重，所以網路上很多媽媽社群裡的評論都說，哺乳枕如果用得好的話，就會非常有效果。建議媽媽們一定要買哺乳枕。

哺乳枕有分C型枕和O型枕，很多人覺得C型枕可以緊緊靠著寶寶，讓媽媽可以比較容易找到舒服的餵奶姿勢，所以有滿多媽媽選用C型枕，而且也方便讓媽咪坐在沙發上餵奶。而O型枕則是在C型枕的基本架構上，再加入媽媽腰部後方的支撐墊，優點是寶寶可以直接躺在上面，如果寶寶睡著了，媽咪不用搬動寶寶，就可以直接把整個哺乳枕卸下來放在旁邊。不過也有人說，坐靠在沙發上要餵奶的時候，會有點不方便。哺乳墊則是可以讓寶寶坐著喝奶，餵奶粉的時候很好用。

初期 0 Month

初期 1 Month 1～4週

初期 2 Month 5～8週

初期 3 Month 9～12週

初期 4 Month 13～16週

後期 8 Month 28～32週

後期 9 Month 33～36週

後期 10 Month 37～40週

懷孕4個月的大小事

下腹部明顯隆起，常常感覺背部和腰部痠痛，腹部、胸口、臀部容易出現妊娠紋，流產率降低、進入比較安全的時期。

媽媽的身體

腹部、胸部、臀部長出妊娠紋
腰部痠痛，容易有疲倦感

荷爾蒙的變化已經比較平衡了，滿4個月前，媽媽會害喜最大原因，是荷爾蒙的濃度在變化，過程就像我們在坐電梯的時候從1樓到100層樓，升到100層樓以後呢，不舒服的情況就會變少，因為荷爾蒙比較平穩之後害喜的現象就會大幅的緩解，不安的情緒會漸漸消失。

依個人體質而定，孕媽咪可能會開始在腹部、胸部、臀部上長出妊娠紋，最好可以使用護膚品來保養皮膚，且因為支撐子宮的韌帶被拉長，導致腹股溝和腰部痠痛，容易有疲倦感，而胃、小腸等內臟會被不斷變大的子宮往上推，飯後可能會有胸口慌悶的情況。由於乳腺發達，乳房變得更大，而皮下脂肪增多，身體開始變胖，成為孕婦的體型。

為保證子宮血液循環的暢通，建議孕媽咪養成向左側躺的習慣。另外，背部和腰部容易痠痛，要注意保

- 手指或腳趾、外生殖器完成
- 子宮大小約和胎兒的頭部同大

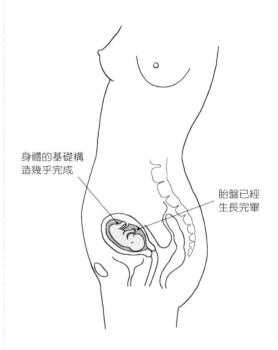

身體的基礎構造幾乎完成

胎盤已經生長完畢

持正確的姿勢。由於分泌物和汗水多，建議經常進行淋浴，保持衛生。

林醫生真心話

- 為了適應升高的血壓，孕媽咪的手腳需保持溫暖。
- 體溫仍比懷孕前高，但基礎體溫已從高溫期轉變為低溫期。
- 心理上的不安感隨著身體狀況好轉而消失。

寶寶的樣子

會皺眉頭、吮吸手指
胎兒的肌肉也開始發育

懷孕**4**個月

〔身高〕16～18cm
〔體重〕110～160g

胎盤已經成形，並在媽媽的子宮內紮根。原本長在額頭邊緣的眼睛、鼻子等，會從臉的外圍向中間聚集，佔據正常五官應在的位置，但是眼睛還處在被眼皮遮蓋的狀態中。胎兒的肌肉也開始發育，你會發現寶寶的手會緊握，或是眼睛會微微地睜開，也會皺眉頭、皺臉，還會吮吸手指。

 ## 寶寶現在是這個樣子

 懷孕13週

肌肉和身體器官以更快的速度發育
- 臍帶裡像疙瘩一樣鼓起的內臟，已經進入胎兒腹腔正確的位置。
- 已經形成的肌肉和身體器官以更快的速度發育。

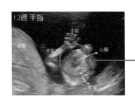

 懷孕14週

前彎姿勢漸漸躺平，脊柱初形成
- 一直保持前彎姿勢的胎兒，背部會漸漸躺平，骨組織和脊骨也會形成其最初的形態。
- 每隔3小時就會小便1次，排出體外的尿液會和羊水摻雜在一起，但不必擔心，繼續分泌的羊水具有淨化作用。

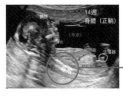

 懷孕15週

體毛大量生長，可以清楚看到手指
- 眉毛、頭髮等體毛開始大量生長，而遮蓋住皮膚的細毛，在出生前會消失，可以清楚看到手指。
- 性器官較突顯，可以判定胎兒的性別。

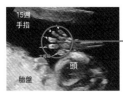

 懷孕16週

活動力旺盛，有興奮、煩躁等情緒
- 由於腦部已經發育，會產生興奮、惱怒、不安、煩躁等情緒。
- 羊水量增多，活動力旺盛，會在羊水裡搖搖頭或擺動手腳，開始會打嗝了。
- 內耳形成，能聽到子宮外的聲音，對光線敏感。

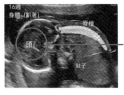

13-16週 醫學證實莫札特音樂有助於胎教
進入胎教時期、注意鹽分攝取

衣服要穿寬鬆一點，內衣也要選擇寬鬆些，
讓身心處於放鬆狀態有助於胎教

讓身心處於放鬆狀態有助於胎教

16週以後，寶寶的聽覺就開始形成，胎教要慢慢做，這時聽一些胎教音樂，讓媽媽處於一種比較放鬆的狀態，對寶寶會比較好，能預防早產。真正經過醫學證實的胎教音樂是莫札特音樂的某一段，但主要是媽媽的情緒影響寶寶更大。

這個時期的生活基礎知識

改穿孕媽咪的內衣褲

懷孕之後由於荷爾蒙的改變，為了要孕育寶寶，身體會做一些準備，媽媽最有自覺的就是乳腺開始發育，這時衣服要穿寬鬆一點，內衣也要選擇寬鬆些，從四個月就差不多可以開始準備了，媽媽自己會感覺乳房會漲，就可以穿孕媽咪型的內衣來讓自己舒服一點。

注意鹽分攝取不要過量

懷孕的媽媽會比較喜歡吃重口味的，像是比較酸、比較鹹的，但是鹽分的攝取過量，容易產生妊娠高血壓，媽媽血壓突然高起來，胎兒血管一收縮，突然間沒了心跳，沒有了胎動，妊娠高血壓是最主要的原因。

高血壓可能導致胎盤剝離、早產或是寶寶突然間沒有心跳，所以每次

的產檢，一定會量血壓，這很重要，要看你有沒有妊娠高血壓，因為嚴重時會導致子癲前症。

子癲前症的定義有三個，高血壓、蛋白尿、水腫，其中這三個裡面至少有兩個，我們就叫做子癲前症，尤其血壓高是比較危險的，假如說本身有家族高血壓遺傳史的話，我們就會認為是妊娠高血壓的高危險群，高齡產婦也比較容易會有，併發症也會比較多。妊娠高血壓數值跟衡量一般的高血壓是一樣的。

13-16週 體重管理可以降低妊娠高血壓及妊娠糖尿病罹病率
必要的營養與日常疑問大解析！

肚子明顯大了起來，媽咪的體重管理愈來愈重要囉！
這個月開始以每月增重不超過2公斤的速度，比較不會產生妊娠紋。

Q1：孕期的體重管理為什麼這麼重要？

A：因為體重增加過多，會使懷孕中罹患高血壓及糖尿病的風險增加，還可能引發產後出血、嬰兒死胎率及新生兒死亡。針對不同時期增加體重的標準如以下說明：

BMI	孕期增加體重（公斤）	中、後期每週增加體重（公斤）
<18	12.5～18	0.5～0.6
18.5～24.5	11.5～16	0.4～0.5
25.0～29.9	7～11.5	0.2～0.3
≧ 30.0	5～9	0.2～0.3

孕期階段	熱量
1～3 個月	不需額外增加
4～6 個月	一日增加 300 大卡
7 個月～出生	一日增加 450 大卡

300 大卡、450 大卡這樣配

鮪魚蔬菜三明治
=275 大卡

100g 烤地瓜 +55g
水煮蛋 =205 大卡

240cc 鮮奶
=150 大卡

240cc 無糖優酪乳
=120 大卡

100g 饅頭夾
蔥花蛋
=330 大卡

綜合水果拼盤（80g
芭樂 +50g 奇異果
+70g 蘋果）
=90 大卡

240cc 無糖豆漿
=70 大卡

無糖豆漿豆花
=120 大卡
（200cc 豆漿 +100g 豆花）
（若加糖水，每 5g 糖增
加 20 大卡）

烤豬排蛋吐司
=350 大卡

蔬菜起司蛋吐司
=300 大卡

芒果優格
=125 大卡
（125g 無糖優格 +
100g 愛文芒果）

水果醋飲
=40 大卡
（15cc 水果醋泡
150cc 開水）

Q2：懷孕0~4個月必要的營養素有哪些？

A：懷孕期間特別需要補充葉酸、維生素 B_{12}、B_6、C，以及碘和鐵的攝取量。

必要營養素 1：葉酸

　　預防胎兒發生神經缺陷，建議有懷孕準備的媽媽，在懷孕前三個月就要開始補充。攝取量：孕前每日400微克、孕期600微克。

每100g食物葉酸的含量（單位：微克）（資料來源：台灣食品成分資料庫）

鵝肝	988	綠豆	414	大紅豆	177	花生仁	121
海苔片	922	黃豆粉	348	韭菜	158	小白菜	97
青仁黑豆	721	小麥胚芽	329	淡菜	154	茼蒿	95
雞肝	708	菠菜	233	葵花子	140	山蘇	80
豬肝	677	南瓜子	213	空心菜	130	韭菜花	79

- 含天然葉酸最高的食物：肝臟、豆類、綠色蔬菜。
- 建議以天然食物攝取為主、補充錠劑為輔的方式補充葉酸，以避免大量攝取錠劑引發不必要的病症。
- 葉酸容易受熱破壞，在食物製備過程會被破壞50～90%，因此建議將食材涼拌或清炒，不建議汆燙水煮。
- 葉酸錠劑最佳補充時機：每餐餐後30分鐘內皆可，但以早餐後最佳。

必要營養素 2：維生素 B_{12}

　　增加紅血球生成，與胎兒必需胺基酸及 DNA 合成相關。攝取量：孕期每日2.6微克。

每100g食物維生素 B_{12} 的含量（單位：微克）（資料來源：台灣食品成分資料庫）

台灣蜆	84.2	小魚干	54.2	雞肝	29.8	鮪魚（煎）	9.5
九孔螺	77.1	文蛤	50.5	生蠔	26.6	鴨蛋黃	8.56
鵝肝	64.1	鵝心	31.9	竹筴魚	17.8	鮪魚（煮）	4.27
紫菜	59.1	豬肝	30.5	鮪魚（烤）	14.7	雞蛋黃	3.83

- 含天然維生素 B_{12} 最高的食物：魚貝類、肝臟、蛋類。且其只存在動物性食品，純素者請注意。
- 食物中維生素 B_{12} 與蛋白質結合，須經由胃酸作用且與內在因子結合後才能有30～70%的吸收率。
- 維生素 B_{12} 錠劑最佳補充時機：早餐飯後。

必要營養素 3：維生素 B₆

舒緩孕吐。攝取量：孕期每日 2.2 毫克。

每100g食物維生素 B₆ 的含量（單位：毫克）（資料來源：台灣食品成分資料庫）

海帶茸	2.15	花生粉	1.57	乾香菇	1.41	開心果	1.2
麥片	2.09	黑豆	1.54	小麥胚芽	1.4	里肌肉	1.2
蟹腳肉	1.82	鵝肝	1.5	酵母菌錠	1.23	鯛魚	1.05
米胚芽	1.66	葵瓜子	1.5	乾木耳	1.22	鮭魚	0.82

- 含天然維生素 B₆ 最高的食物：全穀類、魚肉類、水果、乾果、蔬菜、堅果類。
- 舒緩孕吐的建議用量為：一次 10 毫克，一天勿超過 3 次，避免服用過多造成胎兒依賴性。

必要營養素 4：維生素 C

促進葉酸吸收，且與膠原蛋白合成相關。攝取量：孕期每日 110 毫克。

每100g食物維生素 C 的含量（單位：毫克）（資料來源：台灣食品成分資料庫）

香椿	225	黃甜椒	127.5	土芭樂	80.7	香吉士	74.8
紅心芭樂	214.4	青椒	107.5	木瓜	79.1	奇異果	73.0
珍珠芭樂	193.7	黃奇異果	90.1	甜柿	75.9	甘藍芽	70.4
紅甜椒	137.7	泰國芭樂	81.0	青花菜	75.3	草莓	69.2

- 含天然維生素 C 最高的食物：新鮮水果、淺色蔬菜、深色蔬菜。
- 維生素 C 容易受熱破壞，烹調後會減少40%，也會於儲存過程中減少，因此新鮮現採水果維生素 C 的含量最高。
- 天然維生素 C 在身體的吸收率能達到70～90%，且應該與維生素 B 群間隔2～3小時服用，避免互相競爭影響吸收。
- 維生素 C 錠劑最佳補充時機：餐中。

必要營養素 5：碘

有利胎兒腦部發育。攝取量：孕期每日 200 微克。

每1g食物碘的含量（單位：微克）（資料來源：膳食營養素參考攝取量 2018 國健署）

乾海帶	3925	海苔醬	28	乾紫菜	18	海帶卷	6.4
乾海帶芽	141	加碘食鹽	20	海帶結	9.3	海茸	0.4

- 政府政策在食鹽中加入碘酸鉀約 33 ppm，使每公克食鹽提供約20微克的碘。

初期 0 Month
初期 1 Month 1~4週
初期 2 Month 5~8週
初期 3 Month 9~12週
初期 4 Month 13~16週
中期 8 Month 29~32週
後期 9 Month 33~36週
後期 10 Month 37~40週

必要營養素 6：鐵

改善孕期貧血。攝取劑量：懷孕初、中期每日 15 毫克；懷孕後期每日 45 毫克。

每100g食物鐵的含量（單位：毫克）（資料來源：台灣食品成分資料庫）

鵝肝	44.6	西施舌	25.7	紅莧菜	11.8	葵瓜子	8.6
熟紫菜	37.9	紅土花生	22.2	黑芝麻	10.3	南瓜子	8.5
烏龍麵	33.0	黑豆	15.7	豬肝	10.2	文蛤	8.2
豬血	28.0	鴨血	15.6	牡蠣	10.1	豬腰子	7.2

- 含天然鐵（基質鐵）最高的食物：海產類、內臟類、紅肉瘦肉類。
- 攝取鐵質時，可以與維生素C一起補充以利吸收。
- 含多酚的茶或咖啡、含草酸質酸的蔬菜類、穀類要避免和鐵一起食用，會影響鐵的吸收；亦不能與鈣片同時服用。
- 鐵劑最佳補充時機：飯後半小時，且避免空腹服用。

林醫生真心話

體重管理是順產的第一步

當害喜現象比較緩解，感覺比較舒服以後，妳會想懷孕初期因為會吐，瘦了1公斤，現在想要趕快補回來，但其實不需要，反而要進行體重管理，平均來講整個孕期建議胖10～15公斤就可以了，假如以這樣來看的話，我們一個月不要超過2公斤的速度，兩個禮拜不要超過1公斤的速度，會比較好。

16 週左右會做地中海型貧血篩檢

懷孕的媽媽大多有貧血的傾向，而有地中海型貧血的人，他平常吃鐵劑都沒有效，但還是要補充鐵劑跟葉酸，為什麼？

有些人會有迷思，「我本來就地中海型貧血了，為什麼還要補充鐵質？」其實這個鐵質是要補充給寶寶的，因為寶寶還是會從媽媽身上攝取鐵。一

般我們血紅素正常值是12，有些會到14～15，而地中海型貧血的人只有10點多，因為吃鐵劑沒有效，吃完還是10點多，所以血液科的人不會建議你吃鐵劑。

但是如果是地中海型貧血的媽媽，血紅素數值可能會掉到8，甚至更低，但寶寶還是需要鐵，所以我還是會建議要補充鐵質，把數值拉上來，至少跟懷孕前的狀態不要差太多，不能因為本身是地中海型貧血就不補鐵，因為懷孕後身體的鐵會變得更低，這種情況下還是要適當補充鐵劑給寶寶。

通常在16週左右的時候會做地中海型貧血的篩檢，但其實在第一次產檢的時候就要做血液的檢查，也會看有沒有地中海型貧血。我們國人有15%～20%有地中海型貧血帶原，地中海型貧血又有甲型跟乙型，假如說爸爸跟媽媽都是甲型，或都是乙型，那寶寶就會有1/4的機會有地中海型貧血重症的情況，甲型重症懷孕到一半可能就因為水腫而流產，如果是乙型的重症地中海型貧血，寶寶生出來後可能要終身輸血，唯一的治療方式就是再生一個健康的寶寶，用他的臍帶血去換另外一個孩子的血。

懷孕時的性行為

懷孕到12週以後，其實可以有性行為。但12週以前因為懷孕剛開始會有一些不舒服的症狀，大部分的媽媽也比較不會有強烈的性慾，建議12週以前，夫妻之間可以用愛撫的方式，或一些比較親密的行為就可以了，這樣的話比較不會造成出血或其他問題。

但假如胎兒本身有一些早產風險，有出血或前置胎盤情況的，我們就不建議有性行為，以免發生早產的情況。另外滿3個月以後到9個月以前的性行為要避免太過激烈，還有就是過程中不要直接壓到肚子，採取側臥或背部的方式會比較好。

注意出現早產症狀

如果肚子出現緊繃感、有出血、分泌物變多想上廁所且大腿根部會痛，這些都是早產的一些症狀，要請醫師進一步評估。

這個月需要進行的檢查

超音波

這個月已經能夠區分出胎兒的身體和頭部，因此，透過測量兩耳之間的長度就可以判斷出胎兒的成長狀態。同時還能診斷出是否有腦部和頭骨發育不全的無腦畸形，並通過超音波來確定胎兒心臟跳動的樣子以及心跳聲。

尿檢

可檢查出孕媽咪的尿液中是否有蛋白質或糖分。如果孕媽咪從懷孕初期起，尿液裡就有蛋白質的話，很可能之前就患有腎臟病，需要再接受精密檢查。若懷孕後期的尿液裡還有蛋白質的話，孕媽咪罹患子癲前症的可能性很高。

初期 0 Month

初期 1 Month 1~4週

初期 2 Month 5~8週

初期 3 Month 9~12週

初期 4 Month 13~16週

後期 8 Month 28~32週

後期 9 Month 33~36週

後期 10 Month 37~40週

牙齦出血的中醫食療法

約有50％的孕媽咪在懷孕第三個月開始牙齦腫大，到第八個月的時候達到巔峰，甚至發紅、流血、疼痛到影響進食，以中醫角度來看，有胃火或是本身陰虛體質的孕媽咪更容易在孕期時出現牙齦出血。

蓮藕排骨湯

材料：蓮藕100克、排骨80克，高湯250c.c

作法很簡單，先將排骨用熱水汆燙去血水，去血水的排骨再與切塊的蓮藕一起放入高湯中，以大火先煮滾，再轉小火，加入適量鹽巴，直到食材軟爛熟透即可。

蓮藕屬於性涼、味辛、甘，歸肺胃經，具有滋陰養血功效，生食能清熱潤肺，涼血行瘀，熟食可健脾開胃，蓮藕中的藕節有養血止血，調中開胃功效，能改善孕媽咪氣色、滋養胎兒。

流鼻血的中醫食療法

另外，流鼻血與身體水分運化失調有關，中醫來看的相關臟腑包括肺、脾、腎功能失調，肺是水液的上源，會造成肺部失調原因很多，其中脾與營養吸收，水液分布運化有關，大部分流鼻血孕媽咪為肺熱胃熱上炎所致。

白木耳甜湯

材料：白木耳10克、百合30克、紅棗10顆、冰糖＆蓮藕粉各適量

作法是先將白木耳洗淨，放水中浸泡膨脹除蒂頭，加兩杯水放果汁機打碎，再倒入電鍋內鍋，將紅棗洗淨、百合洗淨泡軟後與適量冰糖一起加入電鍋中，外鍋加1/2杯水煮至開關跳起，倒入適量藕粉攪拌均勻即可。

白木耳具有生津、百合具有養心安神、蓮藕具有清熱止血作用。

林醫生真心話

在4～5個月，子宮還是會在肚臍以下的地方。很多媽媽會說我的肚子好像看起來比較低，但其實不是。

這是因為整個子宮都還在肚臍以下，5個月以前肚子看起來低低的，這是正常的，請不用擔心，除非有一些早產的症狀，有肚子痛或者是有出血，才會有流產的可能性，再請他過來看醫生，但如果外觀上沒有什麼不正常的情形的話，是不用太擔心的，其實是不會有影響的。

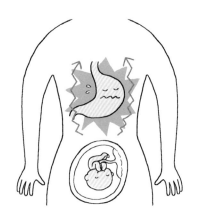

關於懷孕與生產，媽媽們最想知道的……

Q1 怎麼預防妊娠紋？

到了懷孕後期，胸部變大、肚子急速隆起，體型上會有巨大改變。這時候肚子、胸部、大腿和臀部的皮膚會被撐開變薄、皮下的纖維組織裂開，出現彎彎曲曲的紫紅色紋路，這就是妊娠紋。

妊娠紋生成的原因在於皮膚的構造，皮膚由外而內依序是表皮、真皮和皮下組織。表皮的延展性比較好、可以負荷被撐大的肚子，但是真皮和皮下組織沒有延展性，所以被撐大、裂開之後就會出現彎彎曲曲的紋路，用手去摸會有凹凹凸凸的感覺。生產之後，妊娠紋會逐漸轉淡、變成白色，不過只要生成了，那痕跡就會一直存在，所以事先預防很重要。

從懷孕中期就要開始護理，才會有效果。一有空檔就要在容易脹大的肚子、胸部、大腿和臀部等部位，抹上妊娠油或妊娠霜勤加按摩，幫助皮膚維持良好的延展性，就能減少妊娠紋的生成。另外一點也很重要的就是要控制體重。體重一點一點慢慢增加而非快速暴增的話，皮膚就能跟著慢慢延展、適應，也比較不會出現妊娠紋。

Q2 哪裡可以買到不含有害成分的濕紙巾？

擦拭寶寶的身體時，最安全、不傷皮膚的方法就是用紗布巾，雖然麻煩了一點，不過要擦寶寶細嫩的臉、手、屁股等等，最好還是用煮洗過的紗布巾擦是最安全的。第二個安全的方法，就是用拋棄式的乾紗布巾泡水使用。如果為了方便的考量，還是需要購買濕紙巾，就一定要選擇化學成分最少的產品。

選購濕紙巾的方法
1. 確認產品全成分，不要只相信廣告上的說詞，一定要確認產品有沒有依照衛生福利部的規定公開所有成分，還有產品中的每一項成分天不天然。
2. 確認水質：從產品包裝或官網上，確認有沒有乾淨的淨水系統處理，還有水質品管如何。
3. 確認紙巾材質：應該要選購天然紙漿或嫘縈纖維比例達到65% 以上的產品才夠柔軟，皮膚問題也會比較少。
4. 確認保存期限：
   因為怕有細菌滋生的風險，最好使用保存期限短、用量少的濕紙巾，並且盡快用完。

PART 3

懷孕中期 5～7 個月

守護自己和寶寶的必備知識

胎動出現 & 預防妊娠紋和便秘的好方法
孕媽咪可以做的運動 & 產檢與生活上要注意的事項

可以感覺到胎動了

懷孕5個月的大小事

媽媽的乳房和下腹部持續變大，有緊繃感，愈來愈有媽媽的味道。不但能感覺到胎動，也能明顯感受到胎兒的存在。

媽媽的身體

媽媽體重會跟著大幅上升
要特別注意腹部的保暖

本週是懷孕期最安全的時期。這時期的媽媽體重會跟著大幅上升，而皮下脂肪的增多讓身體開始變胖，轉變為孕婦體型，所以要特別注意控制體重，且隨著腹部的鼓脹會感受到腰痛，要做好腹部保暖。

子宮繼續變大中，約為一個成人頭部的大小。隨著腹部的韌帶被拉長，會明顯感到下腹部疼痛，而隨著色素的沉澱，乳頭、乳暈的顏色變深。懷第一胎的媽咪有機會在這個月感受到胎動。但由於個人情況不同，每位媽咪感受到胎動的具體時間也會有落差。一般多出現在懷孕20週前後，會感覺到從肚子裡發出咕嚕咕嚕的聲音。

這時期因乳腺的發達，所以媽媽的乳房開始變大，如果是乳腺發育較快的媽咪擠壓乳頭的話，會有些初乳流出來。同時下腹部也變大、變緊繃。此時體重會跟著大幅上升，所以控制體重最重要，並且要讓腹部一直處於溫暖的狀態。

另外，荷爾蒙的分泌可能會讓視

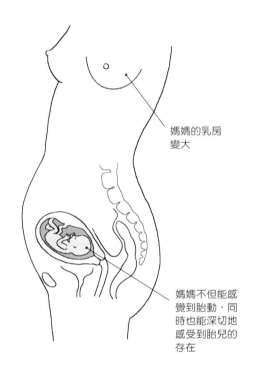

媽媽的乳房變大

媽媽不但能感覺到胎動，同時也能深切地感受到胎兒的存在

力變差，眼睛變得乾燥，有澀澀的感覺，而在臉上、下腹部中間，小腿後可能會出現妊娠斑。

- 下腹部也變大、變緊繃，本週開始，子宮每週約長大1cm。
- 子宮會突然擴大然後收縮，每天會有4～6次感受到肚子結實地縮成一團。
- 從5個月開始，為了測量子宮的大小，媽媽產檢裡加了子宮底長度。正確的大小也要配合超音波檢查等的結果來診斷。

寶寶的樣子

透過超音波可以看到胎兒心臟怦怦跳，胎盤尚在生長中

提供胎兒氧氣和營養的胎盤及臍帶已開始生長，透過超音波還可以看到胎兒心臟怦怦跳動的樣子。但是形成卵巢和睪丸的組織已經長好了。由於這個月的胎盤尚未生長完善，因此流產的機率較高，媽媽更要謹慎小心。

懷孕 **5** 個月

〔身高〕**20～25cm**
〔體重〕**300g**

寶寶的頭變成像雞蛋一樣大，眼睛能向前看，耳朵也定位在臉部的兩側，加上神經系統的發育，讓胎兒形成了味覺、聽覺、觸覺，能區分出甜味和苦味，在聽到媽媽肚子外發出的聲音時，也會有所反應。腦部的發育讓胎兒記住了媽媽的聲音，可以明顯看到寶寶吸手指。

寶寶現在是這個樣子

懷孕 17 週

體內的基本內臟大都已成形
• 長出手指、腳趾。頭長大成雞蛋大小，身體變成4頭身，長出皮下脂肪，從瘦瘦的身型變成圓滾滾，骨髓開始製造血液。

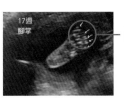

懷孕 18 週

活動力會表現得更強
• 由於神經系統發育較快，味覺、聽覺很分明。
• 胎兒手掌上的掌紋開始生成，臉部輪廓亦逐漸成形。耳朵的內耳骨骨骼化，聽覺神經也漸成熟。

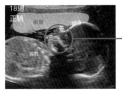

懷孕 19 週

心跳變得活躍開始分泌胎脂
• 在第18～22週，透過超音波可以看到眼睛。
• 開始從皮脂腺裡分泌具有保護肌膚、維持體溫功能的胎脂，且心跳變得活躍，用聽診器就可以聽到心跳聲。

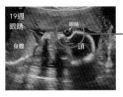

懷孕 20 週

胎兒的活動力漸漸增強
• 感覺器官發育的重要一週，嗅覺、味覺、聽覺、視覺在腦內占有特定的部位來發育。
• 皮膚表面可以看到皮脂腺分泌的胎脂，它有潤滑的作用，在生產時能幫助胎兒順利通過產道。
• 胎兒的活動力漸漸增強，媽媽可感受到胎動。

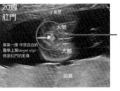

初期 0 Month
初期 1 Month
初期 2 Month
初期 3 Month 9~12週
初期 4 Month 13~16週
中期 5 Month 17~20週

不同週次的胎動，媽媽感受也不同

進入懷孕中期，媽媽開始感覺到寶寶在動了，
胎動讓媽媽切切實實地感受到寶寶的存在。

胎動是胎兒和媽媽的對話

懷孕到第5個月左右，媽咪可以感受到寶寶在肚子裡活動，這就是胎動。每位媽媽感受到胎動的時期和表現也各不相同。準媽咪能感受到的胎動大致可以分為3種。第一種是胎兒全身大幅度地翻滾，第二種是胎兒伸直手臂，第三種則是媽媽所感覺到的胎兒呼吸。會發生這些胎動是因為胎兒吮吸手指，或是喝羊水，有時也是練習吸奶而發生。

透過胎動，媽媽可以瞭解寶寶的心情或健康狀態。一般來說，胎動就是媽咪們所感受到的胎兒活動，但是透過超音波檢查，媽媽們可以看見更細緻的胎兒活動。

胎動是腦部與肌肉在發育的過程

胎動是肚子裡的胎兒健康地活動，還有腦部與肌肉在發育的過程。最初感受到的胎動，就像是有氣泡「咕嘟咕嘟」的往上冒，甚至伴隨輕微的滑動感。媽咪們感覺第一次胎動的時間，也會因個人情況而有所不同。

活動力比較強的媽媽，比較難感受到胎動；而比較敏感的人，會感受到胎動的時間也有可能比別人來得早；而身體嬌小的女性，比起身材圓潤的女性，也會更早感受到胎動，所以根據每個媽咪的情況不同，所感受到胎動的時間就不一。敏感的媽媽約在第17週中後期，就可以感受到胎動，但20週後才感受到的，也大有人在。

懷第一胎的媽媽，大約會在第18～20週時感受到胎動；有過懷孕經驗的媽媽則會在第16～18週感受到胎動。這是由於初次懷孕沒有經驗，不瞭解胎動的感受而就此忽略，才會產生時間的差異。

除此之外，媽媽應該也可以區分出是肚子餓了，還是胎兒在踢肚子時的胎動。但不管感受到胎動的時間在第16週還是第20週，這都與胎兒的成長發育沒有關係，因此媽媽不需要擔心胎動是否來得太慢。

今天寶寶好像
沒怎麼動？

坐下來，吃點
東西，再感受
一下吧。

動了！
動了！

初期 0 Month

初期 1 Month 1~4週

初期 2 Month 5~8週

初期 3 Month 9~12週

初期 4 Month 13~16週

中期 5 Month 17~20週

林醫生真心話

許多媽媽會擔心胎動太強或太弱的問題，其實胎動本身就是寶寶健康的保證，所以不需要過度擔心。最好定期檢查胎動是否正常進行，胎動突然減緩或變微弱時，有可能暗示肚子裡的胎兒不舒服，就需小心注意。如果是長時間都沒有胎動，那胎兒可能真的出現了問題，這時先試著安靜地平躺，吃點東西補充熱量，如果連這樣都感受不到胎動，最好還是到醫院檢查一下會比較安心。

寶寶的發育

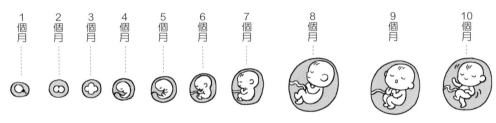

月份	發育的狀況
1 個月	受精卵開始分裂
2 個月	腦、心臟等主要器官開始製造出來。
3 個月	眼、耳、手腳開始製造出來；神經發達，能做屈伸等的反射運動。
4 個月	耳朵的器官幾乎完成，聽覺的機能開始展開。
5 個月	運動神經發達，開始會活潑地動。
6 個月	能分辨出媽媽的血流聲的程度，聽覺很發達。
7 個月	會開始眨眼，逐漸有看東西的能力。
8 個月	對外界很強的聲音或光會有反應，聽覺和視覺已經很發達。
9 個月	會表現出笑還是生氣的表情變化。
10 個月	能完全聽到爸爸媽媽的聲音，準備出生。

胎動會隨著孕期產生變化

根據胎兒的發育情況，胎兒的活動也會發生變化，並影響胎動的情況。在胎動初期，由於子宮底處在肚臍下端，所以媽媽感受到的胎動也會在肚臍下端。

懷孕20週	到第20週時，子宮底高度約為20cm，並升到了肚臍上方。因此，從這時開始，媽媽的整個肚子都可以感受到胎動，且胎兒的活動力比之前更活躍，胎動會更明顯。此時胎兒已會吮吸手指或做呼吸運動，雖然不是劇烈的活動，但是準媽咪會感覺胎兒在轉來轉去
懷孕20週～30週	這個時期要調查胎動的次數來確定胎兒健康。如果每小時可以感受10次以上的胎動，此為正常；萬一之後的胎動不及這個次數，那麼準媽咪可以先吃些零食、補充熱量後再計算一次。如果這樣胎動次數還是很少，就應該到醫院做進一步的檢查。
懷孕31週以上	這個時期的胎兒已填滿了子宮且發育完成，胎動會比之前更強烈。在此時期，胎兒的腿升到媽媽的肚子上方，所以媽媽會感受到胎兒在踢肚子上面。到了懷孕後期，胎兒就會向下降並固定在骨盆中，所以胎動會漸漸變少。

子宮底長度的測量法

媽媽採取腿伸直仰躺的姿勢，用捲尺測量從恥骨的上面到子宮底（子宮最上面的部分）的長度。當妳開始覺得有胎動，我們會請媽媽注意胎動情形，在台灣產檢時會直接用超音波量寶寶的大小，取代量子宮底的長度，一般在七、八個月以前，從恥骨到子宮底的長度會等於胎兒的週數。

比如說妳現在是28週那肚子應該會量到28公分，假如說妳量到24公分，就表示說寶寶發育得比較小或是有什麼其他的問題。寶寶的大小，從剛開始頭的大小從超音波看會佔1/3，之後慢慢才開始縮小，所以懷孕初期會發現寶寶的頭都呈現大大的。

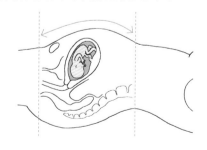

林醫生真心話

關於珍珠粉

在西醫來講，珍珠粉其實就只是鈣片。有一些寶寶生出來很漂亮、膚色很白，問他們說你們有沒有吃珍珠粉？很多人都說有，但在西醫來講的話，美白應該是吃維他命C的比較有效。

寶寶皮膚很白耶！

對啊，吃了好幾罐珍珠粉！

珍珠粉明明就只是鈣片啊。

生活上要特別注意的事&容易引發的病症

子宮從這時期正式變大，下腹部還會往下垂，建議此時開始使用托腹帶，想要餵母乳的媽媽，就要開始做乳房護理。

生活中必須知道的大小事

這個階段，大多都能適應媽媽生活了，雖然偶爾可能會忘記自己是媽媽的事實，而讓身體活動量過大，生活還是要儘量保有規律性，不可過於勞累。

對於吃的東西別再挑食，攝取食物時必須考量到肚子裡的孩子，也需認真服用營養劑、鐵劑等。

這個月開始使用媽媽貼身衣物、托腹帶

從懷孕到生產，胸圍大約會增加10cm以上，腰圍也會增加23cm以上。穿著太緊的衣物的話，會很不舒服，阻礙血液循環，讓腰痛或手腳冰冷症狀惡化。因此，差不多該換上能輕輕支撐身體、有保暖或是吸汗排汗機能佳的媽媽貼身衣物了，也能預防產後體型崩壞。

懷孕5個月開始，子宮變大會更明顯，下腹部還會有下垂感。建議此時開始使用托腹帶，不僅能讓胎位處於正確的位置，還能保護自己的腰部。媽咪在懷孕5個月起使用托腹帶，要隨著胎兒的成長來放鬆托腹帶，而且在預產期臨近時，停止使用托腹帶。

採買Q&A

Q 媽媽專用胸罩、內褲&托腹護胎產品該怎麼挑選？

A 挑選具有吸濕性、透氣性、伸縮性，支撐程度能調節，且要有保暖性的產品。

● 前開型授乳內衣
不會太緊且能好好地支撐乳房為首選。因為前面可以打開，所以能夠輕鬆地授乳。

● 媽媽內褲
選鬆緊帶不會太緊且可以完全包住肚子、保護身體的。

● 媽媽托腹帶&托腹褲
托腹帶是能調節支撐程度的腹帶。托腹褲有個立體的弧型是它的特徵，取代腹帶來支撐肚子，附腰帶的款式，方便使用。

要選膚觸柔軟、透氣性或吸濕性良好的衣物。特別是胸罩或托腹褲，因款式不同，授乳或穿脫方便度、服貼感都會不同，選擇穿起來舒服的產品是很重要的。

開始做順產運動

懷孕中期建議以能強化骨盆的運動為佳。做運動不僅能讓骨盆變得結實，還能提高周圍肌肉的彈性，有助於生產時，讓產道自然打開、順利生產。若在運動途中，媽媽的肚子突然縮成一團，必須立即中止運動。運動時要給予充足的休息時間，不要太過勉強。

每個星期做一次運動，像是游泳就是很好的選擇。

從這個時期起便秘症狀會日益嚴重，一個星期做 1～2 次瑜伽或游泳，可促進血液循環、消除浮腫、強化心臟，更有益胎兒的健康。

為了哺育母乳，請開始護理乳房

如果母乳量太少、乳頭凹陷或扁平，就算媽媽想要餵母乳也會因為寶寶吸奶困難而不得不放棄。所以如果要親自哺育母乳，就要做好乳房護理，特別是乳頭凹陷或乳頭扁平的準媽咪，更應該多多按摩，讓乳頭變成寶寶容易吸吮的形狀。

若能在生產前進行乳房護理，不僅能促進乳房的血液循環、防止淤血，還能促進乳腺發育讓乳汁順暢流出，並能讓乳頭突起，方便寶寶吸吮。但是，過分刺激乳頭可能會導致子宮收縮，所以媽咪們要多加注意。建議洗澡後在胸部塗抹媽媽專用的乳液或乳霜後進行按摩。

每個星期游泳一次，可促進血液循環、消除浮腫、強化心臟，更有益胎兒的健康，但要小心人多的泳池。

最好在就寢前或是洗澡後進行乳房和乳頭的按摩。一天一次，每次約 2～3 分鐘。

大量攝取纖維質

懷孕第16週以後，受到荷爾蒙的影響，腸蠕動會比較緩慢，且突然變大的子宮會給大腸帶來壓力而造成便秘。這時最好能充分攝取富含纖維質的番薯、高麗菜、海藻、芹菜、牛蒡、蓮藕等來舒緩。假如媽媽在懷孕中期還有害喜現象，無法正常飲食的話，芹菜有幫助減輕害喜的功效。

簡單運動消除壓力

懷孕中期是管理壓力的重要時期。胎兒在這個時期能夠感受到媽媽的情緒，包括緊張、高興、悲傷。如果緊張或焦慮不安，供給胎兒的血液就會減少，胎兒也會感到壓力；若情況嚴重還會影響到胎兒的成長。所以要儘量保持愉快的心情。可以做一些運動來減輕壓力，像是散步或柔軟體操等，都很適合。此外，為了防止日益增加的體重帶給關節負擔，平時可以扭扭腰、甩甩手、踢踢腳，做些暖身伸展運動等等。

不要暴飲暴食

懷孕初期嚴重害喜現象會讓媽媽什麼都吃不下。到了中期後，隨著害喜狀況消失，媽媽會出現饑餓感，而開始大吃特吃。但是，因為變大的子宮會壓迫腸胃、削弱腸胃消化機能，繼續暴飲暴食，會導致消化系統出現問題。一旦媽媽的消化系統有問題時，就無法透過臍帶把營養傳給胎兒，可能導致新生兒體弱多病。還有，暴飲暴食只會讓身體更加肥胖，增加生產時的困難，而且提高罹患子癲前症和子癲症的機率。

服用鐵劑

懷孕第5個月起，胎兒和胎盤會迅速成長，最好開始補充鐵劑。有人認為如果準媽咪不貧血，就可以不用吃鐵劑，但這想法是不對的。在產前陣痛、生產或流產的過程中，媽媽可能會流失大量血液危及生命，因此建議媽媽服用鐵劑以防止這些情況出現。

而牛肉、豬肉、雞肉等肉類、豆類、菠菜、荷蘭芹、芹菜、紫蘇葉、艾草等，這類食物中都含有豐富的鐵質，可以多多攝取。

初期 0 Week
初期 1 Week ~週
初期 2 Week ~週
初期 3 Month 9~12週
初期 4 Month 13~16週
中期 5 Month 17~20週
初期 8 Month 25~32週
後期 9 Month 33~36週
後期 10 Month 37~40週

容易引發的不適與緩解方法

下腹部明顯隆起，由於支撐子宮的腹部韌帶被拉長，所以準媽咪會感受到腰痛、腹部疼痛，皮膚癢以及分泌物的增加，還有妊娠紋的出現，偶爾會出現脹氣，如果是便秘嚴重的人還可能因為痔瘡而更受折磨，要多加注意。

腰痛

由於肚子隆起，身體就會自然而然地向後傾來保持平衡，但是這樣的姿勢容易壓迫腰部肌肉而引起腰痛。

可以
這樣做

> 1. 坐椅子時，背要靠著椅背深坐。坐在地板上時，腰要挺起背要直，端正坐著。穿低跟鞋有助於挺直脊椎。
> 2. 側睡能減少腰部的負擔。若兩腿之間再夾個枕頭之類的軟墊，會更加舒服，也能讓身體更有安全感。

妊娠性的牙齦炎

懷孕期間會受荷爾蒙影響，牙床會經常浮腫、發炎，且容易出血。所以牙齦炎大多發生在懷孕第 2～3 個月，到了第 7～8 個月情況會更惡化，等到了第 9 個月左右便會緩和。先前因為懷孕初期而中止的口腔潰瘍或齲齒治療可以開始繼續進行。

雖然說孕期的牙床出血會在產後自然消失，但如果推遲治療其他牙齒問題的話，新生兒可能會受齲齒的口腔鏈球菌感染。

由於牙齒治療的麻醉屬於小麻醉，不會帶給胎兒影響，但在有流產危險的懷孕

初期和後期，媽媽要儘量避免麻醉，且在接受牙齒治療時，一定要說明自己正處於懷孕期間。

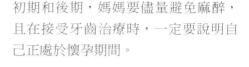

可以
這樣做

> 1. 害喜時，可以用漱口水代替清水漱口，或用牙線清潔口腔。
> 2. 多吃蘊含維生素C的水果或蔬菜，讓牙齦變得更健康。

林醫生真心話

其實懷孕的時候還是可以看牙齒的，以前的人口腔保健做得不好，所以說「生一個孩子掉一顆牙」，有些人懷孕的時候容易流鼻血、刷牙會流血，因為水腫所以末梢循環比較不好，加上如果牙刷可能又太硬，就更容易流血，所以這個時候要換成軟毛的牙刷，畢竟口腔保健還是重要的，而且如果牙周病比較嚴重或牙齒有感染，早產的風險會更高。

腹部疼痛

若每隔一小時抽痛一次，可以比較安心，這在生產後便會自然消失。假如整個肚子都在抽痛，身體像球一樣縮成一團，疼痛出現的週期不一定，且疼痛劇烈，就有可能存在流產、早產，或子宮外孕的危險，應該主動跟主治醫師諮詢，並接受早期治療。

| 可以
這樣做 | 經常休息，採取舒服的姿勢，不要造成腹部的負擔。 |

皮膚癢及疹子

懷孕中期以後的皮膚搔癢和疹子主要集中在胸部和肚子、雙腿等處，有些會像蕁麻疹一樣紅腫，有些則會長出水泡而發展為濕疹，這種發生在懷孕期的皮膚病在生產後會自動消失，所以不必過於擔心。

| 可以
這樣做 | 1. 要保持身體潔淨。
2. 穿輕薄的棉質衣服，若搔癢嚴重的話按醫師的指示治療。 |

林醫生的貼心小提醒

☑ 媽媽可以比較放鬆，散散步甚至出去旅行都沒有關係，只要不做極限運動就好。

☑ 購買孕婦裝、舒服的鞋子、媽媽用內衣、托腹帶等。

☑ 為了防止長出妊娠紋，腹部、臀部、胸部要常常按摩。

☑ 努力做體操、游泳、散步等適合媽媽的運動來控制體重。

☑ 為避免妊娠肥胖，要做好體重管理。

☑ 第16～18週左右要接受畸形兒相關檢查。

☑ 多吃含鐵的食物，若貧血的話，要服用含鐵的營養劑。

痔瘡

便秘和腹脹容易誘發痔瘡。若排便後用衛生紙擦拭，紙上有血或是肛門有疼痛感或發癢，就有可能

是痔瘡。痔瘡有可能在孕期中一直困擾著準媽咪們，在生產後還會持續一段時間。

| 可以
這樣做 | 1. 排便時不要勉強用力，便後可以用濕紙巾擦拭；每天都要堅持坐浴。
2. 不要長時間站立或坐著，常換姿勢以促進下半身的血液循環。 |

分泌物增加

懷孕期間受到所增加的女性荷爾蒙影響，子宮頸中的黏液分泌量會增加。乳白色的白帶變多，但不會發出異味或出現發癢症狀。白帶的增加雖是自然現象，但會比孕前更容易引發陰道炎。

| 可以
這樣做 | 保持私密處的乾淨與清潔。 |

妊娠紋

妊娠紋其實就是肥胖紋，是因為荷爾蒙改變後，讓皮下肌肉纖維組織無法隨著皮膚表皮而拉長所出現的斷裂現象，在皮膚表面產生龜裂的紋路。大部分的妊娠紋是長在下腹部的肚皮上，或是皮下脂肪豐富的大腿、乳房、小腿上。有些人就是容易長，有些人就是不會長，會不會長妊娠紋很大原因是體質的關係，懷孕的時候因為荷爾蒙的變化，肌肉纖維比較容易斷裂，就像拉橡皮筋，如果慢慢來慢慢拉就可以越拉越長，但如果是忽然用力就容易斷。

所以如果體重控制得不好，一下子變胖的人，就比較容易會長妊娠

初期 0 Month
初期 1 Month 1~4週
初期 2 Month 5~8週
初期 3 Month 9~12週
初期 4 Month 13~16週
中期 5 Month 17~20週
後期 8 Month 28~32週
後期 9 Month 33~36週
後期 10 Month 37~40週

紋，這些紋路之後會變成銀白色。產後雖然會慢慢變淡，但是還是會有一點點痕跡，所以要好好預防。

可以
這樣做
1. 害喜現象消失會使媽媽的胃口變好，但要控制體重，避免突然增加。
2. 懷孕第4～5個月起，可穿著媽媽專用的束腹帶或束腹褲，或是用潤膚乳液來進行按摩。

林醫生真心話
每天按摩也能有效預防妊娠紋的，透過按摩來緩慢拉伸妳的肌肉，利用按摩霜來輔助。

但其實不見得要用按摩霜，一般的乳液、綿羊油也可以，主要就是讓肌肉能慢慢拉鬆，最好的辦法就是不要一下子胖那麼多，大約兩個禮拜一公斤就很標準了。

中醫師建議，這個時期忌吃的7種食物

1. 黑木耳
   具有活血化瘀作用，且不利胚胎穩固及生長，大量服用易造成流產，孕婦需謹慎食用。

2. 薏仁
   性寒，具有利水滑胎作用，食用過量容易造成流產，經驗文獻提到以其性善者下也，妊婦食汁墮胎。因此孕婦食用不可過量。

3. 山楂
   具有活血通瘀作用，對子宮有興奮作用，若過量食用會促進子宮收縮增加流產機率，所以孕婦應儘量避免食用。

4. 桂圓
   雖然中醫認為桂圓具有補心安神、養血健脾的功用，但其屬於大熱食物，易助火，若孕婦陰血偏虛，陰虛生內熱，往往有大便乾結，口乾狀況，若食用過多桂圓易出現漏紅、腹痛、先兆性流產症狀。

5. 西瓜
   西瓜屬性為寒涼，過度食用會使子宮受到刺激，收縮頻率加快，對胎兒造成影響，也有可能引起頭暈、心悸、嘔吐等症狀，此外，西瓜糖分含量高，若有妊娠糖尿病孕婦一定要禁食。

6. 螃蟹
   中醫認為螃蟹屬性極為寒涼，具有活血化瘀作用，脾胃虛寒的人食用後會導致腹痛、腹瀉，尤其體質虛弱的孕婦要特別小心，食用後有可能會導致流產，特別是蟹爪，具有明顯墮胎作用。

7. 莧菜
   屬性寒涼、滑利，會增加子宮收縮次數和強度，容易導致流產或是早產。

預防妊娠紋，可以這樣按摩

1. 將預防妊娠紋的乳霜，適量均勻抹在肚皮上。

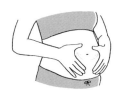

2. 手併攏後由肚臍中心往外側推。直到最外側後停止動作，重複由中心往外推大約 8～10 次。

3. 用雙手托住肚子的下方，並且由下方往上按摩至胸下，重複 10 次。

4. 用單手以順時鐘的方式，在肚臍周圍畫圓按摩約 10 次。

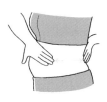

5. 再將雙手托住後腰脊椎的兩側，往外推壓，重複 10 次。

6. 按摩乳房時，先用單手從乳房下方開始。

7. 接著往上畫圈按摩，重複 10 次。

8. 再雙手一起按摩，重複 10 次。

9. 按摩大腿時，由下往上按摩到根部，重複 10 次。

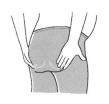

10. 最後按摩臀部，如圖由下往上按摩並重複 10 次。

初期
0
Month

初期
1
Month
1～4週

初期
2
Month
5～8週

初期
3
Month
9～12週

初期
4
Month
13～16週

中期
5
Month
17~20週

後期
8
Month
29~32週

後期
9
Month
33~36週

後期
10
Month
37~40週

子宮、胎盤、臍帶的異常

　　子宮是寶寶要生活10個月的家，萬一房子出現問題，寶寶也很難繼續住下去。所以為了讓他能夠平安順利在子宮內度過10個月，並健康地出生，媽媽在平時應該要多加注意子宮的健康情況。

子宮頸閉鎖不全症

　　子宮頸是孩子產出的管道。懷孕中期以後，子宮頸閉鎖不全症是導致流產的最大原因。在懷孕期間，子宮頸會完全關閉，藉以保護包圍胎兒的羊膜。而子宮頸閉鎖不全，就是子宮和胎兒變大後帶來的壓迫，導致子宮頸在懷孕初期就呈現打開的狀態。

　　子宮頸閉鎖不全的最大原因，就是曾經反覆做人工流產，如果有這個狀況，那麼從懷孕14～16週就需要接受子宮頸環紮術來縫緊子宮頸管，等預產期接近時再拆線。

　　在接受子宮頸環紮術後，若感到下腹部有壓迫感並伴隨出血情況，或是沒出血但陰道有分泌物、排尿的次數變多，並且覺得陰道有塊狀物時，要立即到醫院接受檢查。

子宮內膜異位

　　子宮內膜異位，就是必須要在子宮內部生長的子宮內膜組織，卻跑到子宮外部、卵巢、輸卵管、大腸、直腸、膀胱等處的表面。

　　懷孕期間，準媽咪如果發現患有子宮內膜異位，並非一定要動手術。主要是先維持胎兒的穩定，等到生產後再接受手術，特別是有時候子宮內膜異位會因懷孕而有所好轉。如果子宮內膜異位的嚴重程度對媽媽存在危險，懷孕期間就要透過手術來清除病灶，並要努力做好孕期的照顧。

子宮肌瘤

　　所謂的子宮肌瘤，就是在構成子宮肌層的平滑肌上所長出的良性腫瘤。子宮肌瘤會引起間歇性的疼痛或是引發子宮收縮。但是一般來說，很多時候儘管孕婦患了子宮肌瘤，胎兒也能正常生長，並且順利生產。

　　在10％的不孕症患者當中，子宮肌瘤是導致不孕的原因。若透過手術將子宮肌瘤切除，不孕症患者的受孕機率就會提高。子宮肌瘤會增加流產或早產的可能，但在某些情況下肌瘤並不會再長大，孕婦也能安全地生產。

葡萄胎

胎盤細胞的一部分稱為滋養層細胞，如果滋養層細胞會跟著長大的就稱為葡萄胎。經自然流產、子宮外孕以及正常懷孕後所產生的葡萄胎，統稱為妊娠性滋養層細胞疾病。葡萄胎可以經由尿檢和超音波做到早期發現。若發現是葡萄胎，可以用子宮抽刮手術來清除，術後再進行藥物治療。由於準媽咪在得過葡萄胎疾病後，罹患絨毛膜癌的機率也會變高，所以必須經由手術確保不再發作。

胎盤早期剝離

所謂的胎盤早期剝離，就是在懷孕20週以後、胎兒出生前，胎兒的著床部位會部分性或完全性的脫落。雖然在正常的自然生產中，胎兒出生後，胎盤也會流出來，但是胎盤早期剝離卻是在懷孕後期、胎兒出生前，一部分胎盤或整個胎盤就從子宮壁上脫落下來。根據胎盤剝離的程度，可以分為完全性剝離、中央性部分剝離、邊緣性部分剝離。

若孕婦的胎盤早期剝離不嚴重，孕婦只要躺臥在床上，就能夠把血止住。但是，當有一半以上的胎盤從子宮壁上脫落並流出時，孕婦就要即刻治療和生產。若孕婦的胎盤早期剝離很嚴重，可能促使胎兒死亡或對孕婦生命造成威脅。

前置胎盤

前置胎盤，簡單地來說，就是胎盤阻塞到了子宮口。受精卵著床後，形成胎盤的地方正常會位在子宮上半部，但是受精卵也可能會著床在靠近子宮最下方的子宮頸口，隨著發育，胎盤因而阻塞子宮頸口。根據胎盤阻塞子宮頸口的程度，可以分為邊緣性前置胎盤、部分性前置胎盤，以及完全性前置胎盤。

在懷孕30週左右，經由超音波就可以檢查出是否有前置胎盤的情況。

有前置胎盤的孕婦，會根據孕婦的出血程度或胎盤阻塞子宮頸口的程度來決定是否進行剖腹生產。因為愈接近預產期，愈容易促使胎盤脫落，且引起大量出血。若出血嚴重，就很難繼續懷孕，或者是孕婦出現胎盤完全覆蓋子宮頸口的完全性前置胎盤，那麼就得進行緊急剖腹生產。

臍帶脫垂

正常臍帶會附著在胎盤內，而臍帶脫垂是急症之一，發生率約在0.1～0.6%。所謂的臍帶脫垂，就是當羊膜破裂、羊水流出時，隨著水流帶動及重力，臍帶變得滑溜，就會掉落到子宮頸或陰道口，有可能造成胎兒缺氧、早產、胎死腹中等，媽媽也可能因大出血而休克甚至死亡。

初期 0 Month
初期 1 Month 1-4週
初期 2 Month 5-8週
初期 3 Month 9-12週
初期 4 Month 13-16週
中期 5 Month 17-20週
後期 8 Month 29-32週
後期 9 Month 33-36週
後期 10 Month 37-40週

21-24週 雙腿出現浮腫、腰痠背痛，但寶寶充滿活力！

懷孕6個月的大小事

會滲出乳汁，身為人母的感覺越來越強烈，
胎動變活潑，肚子漸漸往前突出了。

媽媽的身體

子宮變大，背部出現疼痛、腰痛、腳抽筋；要經常動一動身體，讓血液循環變好

隨著肚子的突起，肚臍也會凸起來，撫摸肚子就能知道胎兒的位置。不過不用擔心，生產後肚臍就會回復到原狀。肚子脹大，更難維持身體平衡，而由於乳腺的發達，所以腋窩的下側有時會腫起來。有時容易貧血或感到眩暈，要常按摩腹部、大腿等處，以防止妊娠紋。

子宮變大，肺部受到壓迫，若能控制好體重，就能稍微減少呼吸急促的狀況，而甲狀腺機能比平時更活躍，代謝快，所以汗會流得更多。為了支撐往前突出變大的子宮，媽媽的身體會呈後仰挺肚子的姿勢。因為這個緣故，受背部疼痛或腰痛、腳抽筋等的負面問題困擾的媽媽也會逐漸增加。為了緩和這些狀況，動一動身體，讓血液循環變好是很重要的，且運動也對體重控制有所助益。

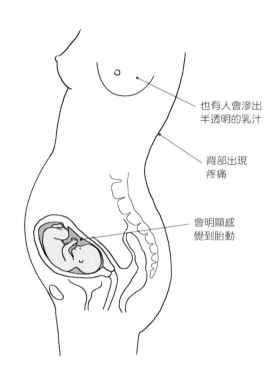

也有人會滲出半透明的乳汁

背部出現疼痛

會明顯感覺到胎動

產後，為了分泌母乳做準備，乳腺會很發達，乳房也會變大。因為分泌出製作母乳的荷爾蒙的泌乳激素增加，也有媽媽會從乳頭滲出半透明的乳汁。另外，媽媽們大多都會明顯感覺到胎動。

• 胎動變活潑，肚子漸漸往前突出了
• 背部僵直和腰痛。肚子往前突出，變成身體後仰的姿勢

• 對生產出現恐懼，或是情緒上的患得患失，都是正常的，可以多多參加關於懷孕生產的演講活動來穩定情緒

108　Part 3 懷孕中期 5～7 個月守護自己和寶寶的必備知識

寶寶的樣子

寶寶活動力越來越大，
也會開始長肉
皮膚呈赤紅色且皺巴巴的

胎兒的體重從這個月開始增加，身長約28～30cm，體重約650g，就像個嬰兒玩偶一樣。皮膚薄到血管清晰

懷孕6個月

〔身高〕28～30cm
〔體重〕650g

可見，上下睫毛已經發育完全，且手指甲覆蓋著指尾。胎兒喝著羊水，也會小便，殘渣則會形成大便，堆積在大腸裡，直到出生後做為胎便被排出來。

 寶寶現在是這個樣子 ─────────

懷孕 **21** 週

味覺比大人更靈敏
- 可以明顯看到眼睛、嘴巴、手指、手臂。
- 胎兒開始對味道有反應。若有苦味滲入羊水中，胎兒就會拒絕吸吮；若是甜味的話，他就會快速吸吮比平時還多的羊水。

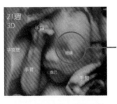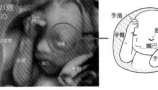

懷孕 **22** 週

羊水增加使得胎兒能悠然活動
- 羊水增加讓胎兒能夠更自由的活動，還會經常轉換身體方向，有時甚至會上下顛倒。
- 可以聽到媽媽的心跳聲、胃在消化食物的聲音、血管裡血液流動以及子宮外的所有聲音。
- 嘴唇更加分明。

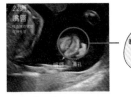

懷孕 **23** 週

整體慢慢接近出生時的樣子
- 也可以看到眼睫毛和眼皮。
- 能明顯觀測到胎兒頭蓋骨、脊椎、肋骨、手腳等。

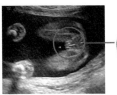

懷孕 **24** 週

時常活動手腳且把手腳向上舉
- 在羊水裡悠哉地漂浮，時常活動手腳且把手腳向上舉，呈倒立的姿勢。
- 皮膚不再透明，略帶微紅色的光。

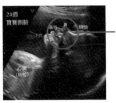

初期 0 Month
初期 1 1～4週
初期 2 5～8週
初期 3 9～12週
初期 4 13～18週
中期 6 Month 21～24週
後期 8 Month 28～32週
後期 9 Month 33～36週
後期 10 Month 37～40週

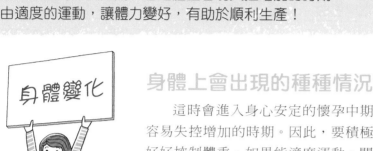

21－24週 肌膚出現變化，要嚴格控鹽與體重
身體的變化＆應對方法

懷孕中期是身心安定期，也是體重容易失控增加的時期，
藉由適度的運動，讓體力變好，有助於順利生產！

身體變化

身體上會出現的種種情況

這時會進入身心安定的懷孕中期，也是媽媽體重容易失控增加的時期。因此，要積極地動一動身體，好好控制體重。如果能適度運動，關節或肌肉會變柔軟，體力也會變好，有助於順利生產。另外還有肌膚上會出現變化，乳暈上也會出現小凸點，腹部還會出現暫時性的抽痛感。

睡覺時很難平躺

因為肚子明顯隆起，這時候已經很難維持平躺，就連呼吸也變得有點困難。當肚臍開始凸出來、肚子變大，並往上移動到心窩位置後，會壓住心臟或胃，因此可能持續出現腹脹、不適感。

體重增加快

這個月是體重的增幅速度來到最快的時期，感覺身體各個部位不斷長肉，需特別費心思在預防肥胖上。媽媽過度變胖時，子宮周圍肌肉上也會附著多餘的脂肪，未來將會妨礙生產。

肌膚出現變化

腹部開始出現嚴重發癢，腹部或臀部周圍也開始出現紫色妊娠紋。越到懷孕後期，發癢情形會變得越嚴重，尤其腹部越乾燥，就會越明顯。這時候盡可能不要用手去抓，塗抹上乳液後輕輕按摩，可降低搔癢的程度。如果用手去抓皮膚，會刺激皮膚使得角質層變厚、變粗糙，膚色也會變暗沉。

乳暈上小凸點

受到黃體素及動情激素的影響，孕期時乳房會變大，同時乳暈也會跟著變大、變黑，且表面會出現小凸點，稱為蒙哥馬利腺。這些腺體會在餵母乳時分泌潤滑的油脂，幫助嬰兒吸吮並且避免乳頭受傷。

可以這樣做 最好在家裡擺放一台體重計，每隔2～3天測量一次，並記錄下來或畫體重變化曲線圖，能有效預防體重過度增加。

腹部出現暫時性抽痛

久站或走太久時，肚子會發生暫時性的抽痛狀況。這是因子宮變大、所需的血量增加而引起的。在變大的子宮裡，未能得到足夠的血液供給時，感受到虛血狀態的肌肉會緊縮，而糾結成團塊。因此久站或走太久時，流往子宮的血流量減少，肚子就會發生抽痛的狀況。

越到懷孕後半期，抽痛的次數會越多。肚子發生抽痛時，是「讓流往子宮的血液量增加」的信號。這時候往左側躺著，可以讓抽痛的腹部變舒服。充分休息後，若還是會出現抽痛現象時，就不是血液供給不順暢所引起的症狀，有必要到婦產科就診。

避免身體受寒

體溫變低或身體待在寒冷的地方時，局部的血管會收縮，造成血液循環不順暢。在低溫、下雨天或颳大風的日子裡，在肚子與膝蓋上蓋一張保暖毛毯，或者添加衣物。讓腳趾尖、手指尖維持溫暖的溫度，就可促進血液循環。

可以這樣做	當身體靠在牆上時，最好能墊一塊抱枕，避免接觸到寒氣。

控制鹽量

高鹽食物會妨礙血液循環，需重新評估個人的飲食習慣。變大的子宮會壓迫到從腿部回流至心臟的血液所在的大靜脈，血液循環不順暢時，四肢會出現浮腫現象。早上穿出門的合腳鞋子，到了晚上就會感到不舒適。而且到懷孕後半期，身體更想要囤積水分，使得浮腫狀況更為嚴重。

可以這樣做	1. 在料理食物時，鹽的添加量盡可能減少，改用醋、檸檬等酸味來增味。 2. 以昆布、小魚乾等熬製成高湯，再放入冷凍庫中冷藏，需要時再取出使用。這樣的湯頭會呈現可口的淡淡甘甜味。 3. 不要直接淋醬汁或醬油，而是用小碟子裝盛後沾著吃。

靜脈曲張

準媽咪的血管壁變鬆弛，從腿部回流血液的靜脈被子宮壓到，而導致血液聚集在腿部，使得腿部的靜脈血管壁失去將血液送回心臟的血管瓣膜功能。當血液停留在靜脈的量過多時，就會導致淡綠色靜脈血管嚴重凸出，用手觸摸時能感受到凹凸不平。變脆弱的靜脈血管壁將血管弄得彎彎曲曲的，編織出了蜘蛛網狀。在工作場合中久站或久坐時，就有可能發生靜脈曲張。

可以這樣做	1. 避免長時間的站立或走路。 2. 休息時儘量把腳抬高。

初期 0 Month
初期 1 Month 1~4週
初期 2 Month 5~8週
初期 3 Month 9~12週
初期 4 Month 13~16週
中期 6 Month 21~24週
後期 8 Month 29~32週
後期 9 Month 33~36週
後期 10 Month 37~40週

需要做的檢查＆可以做的運動

包括妊娠糖尿病檢查、高層次超音波，胎兒心臟超音波都是必做的檢查項目。

這個時期必須做的檢查

妊娠糖尿病檢查

妊娠糖尿病是懷孕期間常見的醫療合併症之一，所以不論有沒有家族病史，都建議懷孕25～29週時必須做篩檢。檢查時媽媽要先口服50g的葡萄糖後再抽血檢查，若檢查出來的血糖濃度超過標準值時，則要空腹喝葡萄糖100g，再檢查一次，萬一確診，必須在產後6～12週再次接受篩檢，評估是否發展成慢性糖尿病的可能。

檢查前必須禁食8小時以上，空腹抽血後，5分鐘內喝糖水，並禁食任何含熱量的飲食，接著每隔1小時抽血一次（連同喝糖水之前的一次，總共要抽三次），下一次產前檢查時可得知檢驗結果。

正常值為：

- 空腹小於92mg/dl
- 喝下糖水後1小時小於180mg/dl
- 喝下糖水後2小時小於153mg/dl

若確診為妊娠糖尿病的準媽咪，要配合醫師建議，由營養師指導做飲食控制，若血糖值仍偏高，則需遵照醫師的指示接受口服降血糖藥或胰島素注射治療。

高層次超音波

這個月胎兒的內臟已經成形。透過高層次超音波檢查，可以診斷出胎兒是否有腹裂或疝氣。如果過了這個月，即使發現是畸形兒，也不能進行墮胎手術，而且胎兒已經佔滿了整個子宮，很難觀察到胎兒手腳的整體模樣。

在每次進行產檢時所做的超音波檢查，就能觀察出胎兒的位置、大小以及心跳。而高層次超音波檢查還能觀測到內臟的位置，以及是否有先天性異常或畸形，診斷準確率約為80％，檢查所需時間約30分鐘。

胎兒心臟超音波

高層次超音波可診斷出畸形兒或者胎兒心臟存在的異常，但媽媽若對此持有懷疑意見，可再接受胎兒心臟超音波進一步了解。因為普通超音波檢查無法診斷出胎兒的心臟異常，而胎兒心

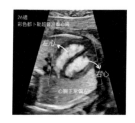

臟超音波的準確率高達70％，有的醫院還將胎兒心臟超音波和高層次超音波檢查並行。

尿檢

在懷孕中後期，媽媽的尿液裡驗出蛋白質的話，罹患子癲前症和子癲症的可能性會增大，所以應綜合兩次以上的尿檢來診斷。若懷疑是膀胱炎或腎炎的話，應檢查媽媽的尿液內是否有細菌。

這個時期可以進行的運動

安定期以後，可以適當的運動，一般運動還是看媽媽的狀況，我們會認為最好的運動是等張運動，就是游泳，但有些人不喜歡游泳，其實散步也是OK的，若是懷孕時膝蓋不方便的，我們會覺得游泳是很好的，但游泳不要游蝶式，自由式或蛙式比較好，慢慢的、很舒服的方式為主，不會游泳的媽媽就散步。

散步能在自己喜歡的時間，以自己的步調來走，萬一身體狀況不太好時，就能馬上回家，也是優點之一。能夠每天持續進行當然是最好，但是一週3～4次也還OK。步行時要放鬆肩膀的力量，以輕鬆的姿勢來進行。

另外，穿上方便活動的衣服和鞋子輕鬆地走也很重要。萬一身體狀況變差，或覺得有不舒服時，要立即中止，更要避免有高低差的地方或人多的場所，會比較安全。

腰痛、背痛的預防＆改善

懷孕期間為了支撐變大的肚子，背骨會變成向後彎的弧度，容易給腰帶來負擔。另外，因為荷爾蒙的影響，背骨或骨盆的關節會變鬆，支持體重的力量變弱，也成為腰痛的原因。因為伴隨著懷孕而來的生理性的變化，有時一直持續到產後腰痛都無法完全消除。而且從現在開始，因為肚子會愈來愈大，所以疼痛也會加劇。因此，請從這個時期開始，就要保持正確的姿勢，利用適度的運動促進血液循環，儘量減少對腰造成的負擔。

初期 0 Month
初期 1 Month 1~4週
初期 2 Month 5~8週
初期 3 Month 9~12週
初期 4 Month 13~16週
中期 6 Month 21~24週
後期 8 Month 28~32週
後期 9 Month 33~36週
後期 10 Month 37~40週

預防&改善腰痛、背痛的伸展操

肚子變大後，腰會不自覺地往後彎，受腰痛或背痛所困擾的人，也會愈來愈多。可以透過以下動作來放鬆腰或背部的肌肉，達到預防、改善疼痛狀況。

1 準備一個瑜伽墊墊在下方，採跪姿，雙手、雙膝打開約與肩同寬，將手掌緊貼地面，腳尖踮起，調整好呼吸。

注意背部不要往後仰，要儘量打直。檢查雙手放在肩膀下方，膝蓋位於腰的下方，手打開和肩同寬、膝蓋打開與腰同寬。

Q 從什麼時期開始做運動才適當？

A 如果你的懷孕過程很順利，身體狀況良好的話，進入懷孕第13週以後的安定期，就能開始做了。到懷孕第12週左右，因為是胎兒的腦或心臟等的主要器官形成的器官形成期，所以要避開這個時期再開始。是否進入安定期，如果很難判斷的話，請先和主治醫生確認一下再進行。

2 吐氣時，把背部拱起，視線往肚子裡的寶寶看過去，慢慢地把背部往天花板的方向抬高。

手掌用力壓著墊子，縮緊肛門，肚子用力，伸展身體的背部。氣吐完的時候，肛門和大腿的內側只要再稍微用力的話，也能促進子宮周邊的血液循環。

Q 可以持續到什麼時候？

A 要在不勉強的前提下進行，所以如果懷孕的過程很順利，就能一直持續到預產期。
但是如果出現肚子脹硬，或不舒服等情況，請立即中止，務必要和主治醫生諮詢後再進行。為了迎接順利的生產，請用媽媽瑜伽來調整身體。

3 吸氣，慢慢地把頭往上抬，讓背部向內彎。慢慢地反覆2～3次步驟2和3，最後一邊吸氣，一邊回到步驟1的姿勢。

舒服地伸展腹部、胸部以及脖子的前側，視線看向斜上方的天花板。讓骨頭一個個慢慢地動，從脖子到腰向內縮。

Q 一週可以做幾次？一次大約幾分鐘？

A 直到身體習慣之前，暫時就一週做一次，請試著在身體不會感覺累的範圍內開始。即使一次只做10分鐘也無妨，能每天做才會有效果。例如：起床後、睡前、洗好澡後等等，在時間固定下養成習慣的話，就會很容易持續下去。不論是練習呼吸或腳趾、腳踝的暖身，只要每天持續3分鐘，就能達到放鬆效果。習慣之後，每天做個30～40分鐘，慢慢地進行就可以了。

預防&改善腳抽筋、水腫的伸展操

肚子變大後，會壓迫到大腿的根部，血液循環就會變差，所以容易出現抽筋或水腫。

其實只要徹底伸展雙腿，包括腳後側、背部到腰部，可以預防腳抽筋或腰痛、背痛等。另外，藉由雙腳用力支撐的動作，包括腳踝、小腿、膝蓋、大腿等，就能促進血液循環變流暢，有助於提高生產時所需的力量。

初期
0
Month

初期
1
1~4週

初期
2
Month
5~8週

初期
3
Month
9~12週

初期
4
Month
13~16週

中期
6
Month
21~24週

後期
8
Month
28~32週

後期
9
Month
33~36週

後期
10
Month
37~40週

1 在瑜伽墊上跪坐，雙腿稍微打開到與肩同寬。肩膀放鬆，調整好呼吸。

如果雙腳的拇指疊在一起，骨盆的左右平衡會變差，所以注意不要重疊。

2 雙手放在前方地板上，兩手間距約等同肩寬，像是用手走路一樣，把身體往前倒。儘量將臀部下壓到腳跟附近，下巴靠近墊子。維持這個姿勢，深深地吐氣，伸展腰部。

將手掌完全打開，用力壓著墊子，讓腰部、背部、肩膀獲得伸展。把肚子放在雙腿之間，在不會感到吃力的程度下進行動作。

3 雙手的位置不要移動，吸氣時，把身體往上抬，變成四肢著地的姿勢。腳的趾尖立在地板上，讓身體穩定，維持呼吸。

雙手打開大約與肩同寬，膝蓋打開大約與腰同寬。腳趾立起，保持平衡。

4 再一次吸氣時，把腰部往上抬。吐氣時，儘量把腳跟貼近墊子，把頭放在雙手之間。維持這個姿勢，反覆幾次規律的呼吸。做到適當的程度後，一邊吸氣，一邊回到步驟3的姿勢，再回到步驟1的姿勢。

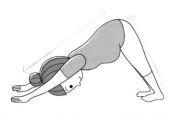

做到不覺得吃力的程度即可，反覆幾次深呼吸。如果膝蓋無法打直，就調整一下手和腳的間距。

115

為了產後能順利哺乳，現在就開始保養乳房吧！

　　懷孕的同時，乳房也會開始發生變化。媽媽的腦下垂體會分泌出一種稱為「泌乳素」的荷爾蒙來促使乳汁分泌。在懷孕期間，泌乳素的分泌量也會持續增加，一直到生產後，泌乳素會更加活躍，並開始形成乳汁。

　　進入懷孕中期，媽媽的乳房會變大，乳暈也跟著擴大，同時呈現褐色。這時乳腺也開始成長和發育。到了懷孕後期，隨著乳房愈來愈大，乳暈也顯現出較深的赤褐色，若按壓乳頭，會流出嫩黃色的乳汁。

　　母乳中充滿了蛋白質、脂肪、乳糖，還有能增加對疾病的抵抗力的免疫物質等，對寶寶的成長有不可或缺的成分。但是，有些媽咪因為乳頭的形狀或大小，而發生寶寶無法順利吸到母乳的情形。

　　為了在產後能順利開始用母乳哺育寶寶，請從懷孕期間感覺到胎動的時期進行保養。即使是不容易授乳的乳頭，只要持續做保養，情況就能有所改善，讓寶寶容易吸吮。另外，也有乳頭會變乾淨，皮膚會變健康的優點。可以請教媽媽教室的醫師指導後再開始。

按摩乳房的好處

* 乳汁分泌會更順暢

　　懷孕後的乳腺會開始發育，並為分泌乳汁做準備。但並不是每個人的乳汁都能順暢流出。從懷孕一直到生產後所做的乳房護理，都會產生不同的乳汁分泌量。在懷孕5～6個月左右對乳房進行按摩，就能有效防止產後淤血，也能刺激乳腺、增加母乳量。

* 可以校正乳頭形狀

　　為了讓寶寶能順利吸到母乳，就要像重視母乳量一樣重視乳頭的形狀。因為媽媽的乳頭若是凹陷或是扁平的話，寶寶就不容易吸到乳汁，所以媽媽在懷孕期間要努力護理，讓寶寶能順利吸吮。

不需要經常擦拭乳頭

　　由於懷孕使乳腺發育、乳房變大，且乳頭會分泌出乳汁，所以要預防乳頭受病原體感染。有的媽媽為了一昧地維持乳頭清潔而經常擦拭乳頭，但是乳頭分泌的乳汁不僅能保護脆弱的乳頭，而且也有潤滑的作用，因此，經常擦拭乳頭反而容易造成感染和發炎。

　　基本上，每天用溫水洗一次乳頭，或是在洗澡時清潔就足夠了。

避免穿過緊的胸罩

　　胸罩會包覆整個乳房，但是太緊的胸罩會阻礙血液循環，難以接收促使乳腺發育的泌乳素，所以請媽媽穿著寬鬆一點的胸罩。乳頭在懷孕後期和產後會變得敏感，分泌物也會增多，這時不妨在胸罩內放入防溢乳墊來維持清潔。

初期
0
Month

初期
1
Month
1~4週

初期
2
Month
5~8週

初期
3
Month
9~12週

初期
4
Month
13~16週

中期
6
Month
21~24週

後期
8
Month
28~32週

後期
9
Month
33~36週

後期
10
Month
37~40週

就寢前或洗澡時做乳房按摩

睡覺前或洗澡後，是按摩乳房和乳頭的好時機，但是不要用力過度，傷到乳房或乳頭，應該要溫柔地進行。按摩時，一定要把手洗乾淨，避免乳房和乳頭被細菌感染。按摩時間為每天一次，每次2～3分鐘左右。若媽媽覺得累，或是腹部疼痛時，就不要進行按摩。

按摩乳房的方法

1. 背部挺直坐好，右手掌打開，穩住左乳房，左手掌的下側貼在左乳房外，由外向內推按3次。
2. 右手掌打開包住左乳房穩定住，左手小拇指外側斜放在左乳房下方，由外向內推按3次。
3. 右手掌放在左乳房下方支撐乳房，用左手掌輕鬆地向上推按3次。結束後，再從1開始換邊操作。

按摩乳房時要注意

1. 按摩前要先清潔，把指甲剪短，清潔過手後再進行。
2. 肚子感覺到緊繃的時候，要馬上停下來，且改穿不會刺激到乳腺的寬鬆胸罩。
3. 按摩乳房並不會引起子宮收縮，但刺激乳頭則會。倘若按摩時下腹部有緊繃感，最好立即停止，以免引起早產或流產。曾經流產的媽媽則不建議進行按摩乳房。

林醫生真心話

寶寶活動力越來越大，也會開始長肉，建議做超音波來留念，這時候可以看得出來像爸爸還是媽媽，如果是姿勢好的話就可以照出漂亮的超音波，因為再大一點，八個月後可能寶寶的手腳在子宮裡就會擠在一起了，看起來比較不漂亮，現在因為醫學中心大多太忙了，所以有些醫院會說我們不照這種歡樂超音波，因為醫學上會認為超音波是一種診斷跟醫療的工具，主要是看寶寶有沒有異常。

可是有另外一派觀點是說我今天先給你看寶寶的圖像，那媽媽跟寶寶之間親子的互動、親子關係的建立，可以提早從這時候，那種親子的連結會比出生以後再看到寶寶第一眼的連結還要更強，所以他們不會覺得這超音波是歡樂超音波。

但這部分在國內需要自費，通常我們醫院的話如果媽媽希望，我們可以試著照給她，因為這個超音波需要花時間，要找到一個剛好的姿勢跟看得到臉部的角度，通常比較私人的診所比較強調服務的會有，如果是比較忙的或醫學中心通常都不做。

大約七個月的時候，寶寶會開始對光有一些反應，所以會有一些人開始用手電筒照肚皮上面，然後感覺寶寶的動作，讓寶寶看到有光亮的感覺，那肚子裡的寶寶他醒著的話他會看到，因為他開始對光有反應。剛出生的時候，他的眼睛看到是黑白的，因為他色素細胞還沒有開始發育，過幾天他就可以開始看到彩色的。

吃對營養素&外食，媽媽寶寶都健康！

懷孕中期的重要營養素&中醫療法Q&A

懷孕5～7個月必要的營養素有哪些？外食該怎麼吃？一定要吃珍珠粉嗎？聽說黃連解毒，怎麼吃才對呢？所有疑惑全解答！

Q1：懷孕5～7個月必要的營養素有哪些？

A：鈣：與胎兒骨骼、牙齒發展相關，且與血壓恆定相關。攝取量：孕期每日1000毫克。

每100g食物鈣的含量（單位：毫克）（資料來源：台灣食品成分資料庫）

小魚干	2213	黑芝麻	1479	全脂奶粉	912	野莧菜	336
脫脂強化奶粉	1894	脫脂奶粉	1406	小方豆干	685	龍葵	238
丁香魚脯	1723	蝦皮	1381	黑豆干	335	山芹菜	222
烏龍麵	1543	乾酪	940	紫菜	342	紅莧菜	218

• 含天然鈣最高的食物：鮮乳、乳製品、豆腐、深綠色蔬菜。
• 維生素D可以幫助鈣質吸收，而每日曬曬太陽10至15分鐘能夠幫助活化維生素D。
• 鈣錠最佳補充時機：如果是碳酸鈣飯後補充，其餘鈣片沒有限制時間。

DHA(Omega-3不飽和脂肪酸)：與胎兒腦部及視網膜發展相關。攝取量：孕期佔每日總熱量之0.6～1.2%。

每100g食物DHA的含量（單位：毫克）（資料來源：台灣食品成分資料庫）

烤鯖魚	5697	蒸鯖魚	4241	秋刀魚	2901	海鱺	1232
煎鯖魚	4385	煮鯖魚	4168	真鯧	1657	小魚干	1140
炸鯖魚	4258	炒鯖魚	4148	鮭魚	1311	真鯛	1083

• 含天然DHA最高的食物：深海魚，如：鯖魚、沙丁魚、秋刀魚、鮭魚、土魠魚
• 每週2份海產食品（2份合計約125g）
• DHA膠囊最佳補充時機：在餐中且與蛋白質食物一起服用。

Q2：雖然是吃外食，可以把握的基本原則是？

A：第一是早餐吃得好，選擇含有蔬菜、蛋白質、碳水化合物的食物。如生菜沙拉＋鮪魚三明治、里肌蔬菜堡＋高纖無糖豆漿……等。

第二是要吃食物，不要吃食品，選擇時以看得到食物原型的為主，避免過度加工調味的食品。還有要避免高油食物，如：勾芡類、醬料類、肉的加工製品（如：熱狗、包子、水煎包、香腸、丸類、火鍋料）、反式脂肪，特別是晚餐避免過量攝取食物，且遵守蔬菜→蛋白質→碳水化合物的順序。

第三是多喝白開水，水的建議攝取量為：每公斤體重攝取30～35cc的水。但咖啡、茶、含糖飲料都不算水分攝取。

早餐選擇含有蔬菜、蛋白質、碳水化合物的食物。

避免攝取加工過的肉製品，像是香腸、丸類、火鍋料、熱狗、包子、水煎包。

吃食物，不要吃食品，以看得到食物原型為主，避免過度加工調味重口味的食品。

Q3：外食族媽媽要避免含鹽量過高的食物，怎麼吃？

A：健康成年人一天食鹽攝取量是6克。選擇新鮮食物，避免加工、罐頭及醃製食品。鈉含量高的調味品如：鹽、醬油、味精、蕃茄醬、胡椒、咖哩粉、豆瓣醬、辣椒醬、味噌、烏醋等，都要減半使用。

不容易注意到的含鈉量高的加工食品，像是麵線、油麵、甜鹹餅乾、蜜餞、罐頭製品等；少吃含鈉量較高的蔬菜，如：紫菜、海帶、胡蘿蔔、芹菜、豇豆等；烹調時可多採用糖、白醋、水果醋、檸檬、蔥、蒜、薑、九層塔、香菜、新鮮水果、中藥材（花椒、枸杞、紅棗、黃耆、八角、肉桂等）等食材，增加食物風味。市售低鈉調味品，如：薄鹽醬油、健康美味鹽、低鈉鹽等，多以鉀取代鈉，但是慢性腎臟病、尿毒症及心臟衰竭者不宜食用。

對於需要限制水分的病人，應同時採用限鈉飲食，以減少水分滯留。

初期 0 Month
初期 1 Month 1~4週
初期 2 Month 5~8週
初期 3 Month 9~12週
初期 4 Month 13~16週
中期 6 Month 21~24週
後期 8 Month 28~32週
後期 9 Month 33~36週
後期 10 Month 37~40週

各類調味品與食鹽鈉含量的換算表

1 茶匙鹽 = 2000 毫克鈉	=2 湯匙醬油 =5 茶匙味精
	=1 又 1/5 茶匙醬油 =1 茶匙味精
1 公克鹽 = 400 毫克鈉	=1 茶匙烏醋 =2.5 茶匙蕃茄醬

1 茶匙 =5cc，1 湯匙 =15cc

Q4：下背痛的中醫療法

A：「腰為腎之府，腎又以係胞」，所謂「胞」就是指子宮，解剖學上腎臟位於腰部，中醫認為腎氣足，胎兒可正常生長，這裡要特別區別腰痠腹痛、下腹墜脹伴隨少量陰道出血，則是流產先兆，所謂胎動不安要特別留意，若是肚子變大壓迫則要注意姿勢。

腎虛腰痛的食療

杜仲炒腰子

杜仲具有滋陰補腎、利腰膝，也有安胎效果。準備的材料有杜仲一錢，洗淨的豬腰一只，蔥薑適量，把材料放入電鍋內鍋加入適量的水，外鍋放入一杯水按下開關，跳起後即可食用。

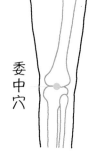

委中穴：為足太陽膀胱經之合穴，具有舒筋通絡，治療腰背疼痛，媽媽按壓時要注意輕輕按壓且有些微酸楚感即可停止。

進行穴道按摩

* **按壓後背穴位**：背部為人體五臟六腑的反射區，當媽媽的背部感到緊繃時，可以採取側臥姿勢進行舒緩按摩。按摩者沿著媽媽脊背肩胛骨內側的直線，輕輕按壓肌肉，當媽媽的肌肉放鬆時便可停止。

* **按摩下背處**：媽媽採取坐臥的姿勢，按摩者雙手放在脊椎兩邊，慢慢地從下背往上滑，橫跨肩膀再返回起始位置，重複做3～5遍，可以有效舒緩肌肉緊繃。

另外，耳穴按壓腰點、腎點，可以緩解腰部肌肉緊繃感。

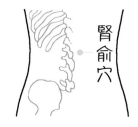

腎俞穴：為足太陽膀胱經之穴道，本穴是腎氣轉輸於後背體表的部位，故名腎俞，具有調腎氣、強腰脊之作用。

珍珠粉使用時機、劑量的
中醫觀點＆迷思解惑

珍珠粉通常於懷孕6～7個月開始食用，除了含有豐富鈣質外，還具有美白功效，一般服用總劑量不可超過2兩。

服用黃連解胎毒之迷思

若服用苦寒藥物過久，反而會有寒極化火的情形產生，此時火氣不但不退反而更盛，由於胎兒必須要靠生命火來促進生長。因此若服用過於苦寒藥物，會將這股生命原火傷及胎兒。

服用十三安胎飲

十三安胎飲又稱為保產無憂方，包括當歸、川芎、白芍、川貝母、菟絲子、黃耆、厚朴、荊芥、艾葉、生薑、羌活、枳殼、甘草。主要是要治療胎位不正、骨盆不開，以達到減緩陣痛，矯正胎位，但對於懷孕初期氣血虛弱的媽媽是不宜服用，因為此帖藥物具有較多行氣、利氣的藥物，在懷孕初期服用容易耗氣動胎，反而使產婦氣虛下陷造成胎位不穩。

初期
0
Month

初期
1
Month
1~4週

初期
2
Month
5~8週

初期
3
Month
9~12週

初期
4
Month
13~16週

中期
6
Month
21~24週

後期
8
Month
28~32週

後期
9
Month
33~36週

後期
10
Month
37~40週

懷孕7個月的大小事

子宮壓迫到胃，引起消化不良，便秘和痔瘡情況惡化。
孕媽咪辛苦了！再撐一下下！

媽媽的身體

從肚子外面就能感覺到胎動
便秘或腰痛等困擾增加

　　七個月是懷孕中期的最後一個月，會頻繁感覺到肚子緊繃或強烈的胎動。肚子變大的程度會更明顯。腳很明顯開始水腫，而子宮變大，壓迫到靜脈循環，過一陣子之後媽媽的手也會緊緊麻麻的，這也是水腫的情形，可活動一下。

　　要小心的是病態性水腫，也就是子癲前症裡的水腫，會引起全身性水腫，但有時跟孕期的發胖不太容易區分，所以還是要交給醫生做判斷。有些媽媽會想喝黑豆水、紅豆水來消水腫，但通常都只有利尿的效果。水腫時會感覺脹脹的不舒服，建議可以換穿先生的涼鞋或運動鞋，偶爾可以做些腳部按摩，但要避免腳底按摩。

　　可以泡泡腳做足浴或泡澡，但是記得水溫不要太高。至於按摩則要盡量小心，因為有些穴道會刺激子宮，否則按摩完可能會發現有不正常的出血。但如果想要熱敷來達到放鬆，則基本上沒有太大問題。

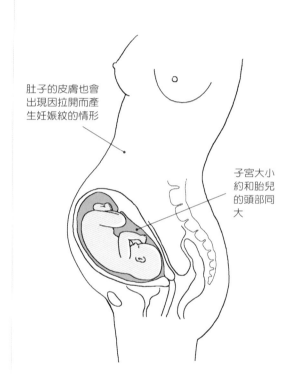

肚子的皮膚也會出現因拉開而產生妊娠紋的情形

子宮大小約和胎兒的頭部同大

- 不只是下腹部，就連腰部周圍也會感覺重重的。
- 胎動的力道變強，很容易就能察覺到寶寶的動作。
- 受到因肚子變大而引起的問題與困擾會逐漸增多。像是在小腿肚或大腿內側的血管出現像瘤一樣的腫起來的靜脈瘤。
- 便秘、站起來出現頭暈、腳水腫等情況會變嚴重，或是仰躺變得難受。

寶寶的樣子

眼皮能上下張開、能控制身體的動作
聽覺更發達，對外界的聲音變敏感

胎兒身體佔滿整個子宮。身長變長的速度減緩，取而代之的是皮下脂肪增加，身體會變得胖胖的，皮膚也變厚，比之前更接近膚色，但是因為皮下脂肪還不

懷孕 7 個月

〔身高〕35～38cm
〔體重〕1kg

是很夠，表皮看起來有很多皺摺。

腦也很發達，身體動作機能也更完整。在這之前身體常常在碰到子宮壁的時候，才會反彈迴轉，但從這個時期開始，變得能以自己的意志來改變方向，或是控制動作。接受超音波檢查的時候，能清楚拍到能輕易看出性別的外生殖器了。

初期 0 Month
初期 1 Month 1~4週
初期 2 Month 5~8週
初期 3 Month 9~12週
初期 4 Month 13~16週
中期 7 Month 25~28週
中期 8 Month 29~32週
中期 9 Month 33~36週
後期 10 Month 37~40週

 ### 寶寶現在是這個樣子

 懷孕 25 週

胎兒能感應明暗變化
- 可以看到腎臟。闔在一起的眼皮可以張開。
- 由母體傳來的褪黑激素，使胎兒能感應明暗變化。
- 若臍帶或手指在胎兒附近時，他會反射性地活動。

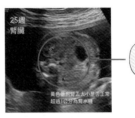

25週 腎臟
黃色箭頭腎盂太大是否正常
超過1公分為需求解
腎臟

 懷孕 26 週

若用光來照射胎兒，會轉動頭部
- 有輕微的呼吸，但是胎兒的肺裡還是沒有空氣。
- 皮膚被白色的胎脂覆蓋，視覺神經正在發育。

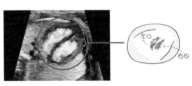
左心
右心

 懷孕 27 週

聽力幾乎已發育完全
- 覆蓋皮膚的胎毛形成向毛根傾斜的紋路。
- 鼻孔打開並發出微弱的呼吸聲。
- 聽力幾乎已發育完全。

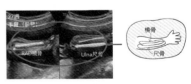
27週 手臂〔前臂〕
RAD橈骨　Ulna尺骨
橈骨
尺骨

 懷孕 28 週

討厭吵雜的聲音，有時會睜開眼睛
- 有時會睜開眼睛。仔細觀察可以看到胎兒的眼珠。
- 討厭吵雜的聲音，喜歡媽媽溫柔的聲音。

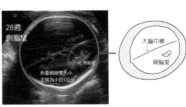
28週 側腦室
測量側腦室大小
正常為小於1公分
大腦中線
側腦室

生活上要特別注意的事&容易出現的狀況

包括早產、肚子出現緊繃感、頭痛肩膀痠痛、暈眩、皮膚癢等等，都是這個時期容易出現的症狀。

早產

寶寶在懷孕滿20週至未滿37週時出生就是早產。早產是新生兒死亡的主要原因，且這幾年有許多準媽咪有實際生產日比預產期還早的傾向，這是因為現代人晚婚，造成高齡產婦人數增加，以及在職準媽咪的人數增加，這些媽媽因為承受的壓力太大導致預產期提前的機率不斷上升，也成為早產的原因之一。

雖然隨著保溫箱等醫療技術發展，使得未成熟胎兒的死亡率降低了不少，但是，還是會帶給早產兒的家庭精神上、經濟上的負擔，所以預防早產有其必要。

為什麼會早產？

早產主要是因為子癲前症、子宮頸閉鎖不全症，以及準媽咪或胎兒患有疾病所引起。早期的生產陣痛和羊膜破裂所引起的早產則大約佔65％，所以，只要能妥善預防，就能減少發生早產的機會。但若是因胎兒本身問題而導致早產，通常是以畸形兒、多胞胎、細菌或病毒感染、羊水不足等等為早產的原因。

在正常的懷孕週數38～40週前提早出生，新生兒的狀態會根據早產所發生的週數而有所不同。因為胎兒出生後的心臟、肺、腸胃等臟器的功能都尚未成熟，可能會出現呼吸困難、腦出血、感染疾病等危險。

容易早產的高危險群

- 早產已經不止1次
- 年齡在20歲以下或35歲以上
- 孕期體重增加太多
- 懷雙胞胎或多胞胎
- 患有子癲前症
- 患有前置胎盤
- 患有子宮畸形、子宮頸閉鎖不全症
- 患有羊水過多症

早產會出現的徵兆

下腹部出現緊縮感

從懷孕8個月起，準媽咪的下腹部會時而緊縮、時而柔軟，並且這樣的狀態會不斷反覆發生，但這個月若腹部經常出現收縮感就是早產的代表性症狀，最好能和醫師確認。

有出血情況

出血是早產的緊急訊號，所以一旦有出血情況，請墊上衛生棉後，立即至醫院檢查。

羊水流出

若突然間，準媽咪的兩腿之間有像是溫水的液體流出，這就是羊水。雖然大部分的準媽咪會隨著羊水流出而開始陣痛，但也有些準媽咪即使流出羊水，也會度過剩下的懷孕週數才生產。不過，羊水流出時，有可能存在感染的風險，因此請儘量不要擦拭，並把腰部抬高，以躺著的姿勢至醫院檢查。

生活中這樣做可以預防早產

1. 減輕壓力負擔

承受大量壓力的女性，早產機率將比無壓力女性多出80%。所以準媽咪若在懷孕期間承受太大壓力，會使得腎上腺素分泌量增加而刺激調節子宮收縮和放鬆的細胞。所以避免壓力上身，就要保持充足的睡眠、生活方式要悠閒點。

2. 不要過於勉強自己

太過疲勞或運動不適當，都是造成早期破水的原因。特別是在懷孕後期，準媽咪更要謹慎，不能長時間站立、突然提起重物、劇烈運動。尤其是職業婦女若感到腹部抽痛時，就要稍作休息。平常睡覺時宜採用側躺，可在兩腿之間夾個軟墊。

出現這種情況請立即去醫院！

☑ 一陣陣的腰痠疲憊，即便休息或使用托腹帶都無法緩解

☑ 下腹部有下墜感或壓迫感，休息或使用托腹帶都無法緩解

☑ 陰道分泌物夾雜血跡或水一般的分泌物（非尿騷味）

☑ 規則或持續性腹部緊繃感（10～15分一次，且休息一個小時仍未改善）

☑ 如月經來潮般的腹部悶脹腫痛

☑ 胎動突然變少（12小時內少於4次）

☑ 腹瀉或腸絞痛增加

☑ 明顯的陰道出血或破水

3.定期接受產檢

　　準媽咪必須在懷孕不同期間接受不同檢查。在產檢中，準媽咪要測量體重和血壓，也要進行尿檢，由此可以檢查出糖尿病、高血壓、子癲前症等疾病，以及其他可能導致早產發生的疾病。

4.體重控制

　　懷孕期間體重失控很容易導致子癲前症的發生。而患有子癲前症的準媽咪，發生早產或死胎的機率會是健康準媽咪的2～3倍。過胖的準媽咪就算沒有子癲前症，引起早期破水或早產的可能性也會提高很多，因此要特別注意體重的控制。

肚子緊繃、疼痛、暈眩、皮膚癢

肚子緊繃

　　媽媽感覺到的肚子緊繃，是子宮的收縮。一過了懷孕中期感覺到的人就會愈來愈多，尤其在傍晚或太累的時候比較能感覺到肚子緊繃，請當成是身體需要休息的訊號，坐一下或躺一下，等待緊繃感消失，就不用擔心。但萬一緊繃的情形持續，或是以規律性的間隔持續發生，就要注意。

頭痛、肩膀痠痛

　　也有的媽媽因為變大的子宮，產生血液循環變差或是姿勢變差、對生產產生不安感等，而讓頭痛或肩膀痠痛變嚴重。適度的運動或泡澡，讓血液循環變好，消除壓力的話，疼痛就會減緩。

　　轉一轉脖子或肩膀，或伸展一下背脊，做做輕鬆的伸展操，對於促進血液循環和消除壓力很有效果。

這樣做可以消除疼痛

- 穿彈性襪：穿彈性褲襪的話，因為腳會適度受到壓迫，有助血液的循環，所以靜脈瘤的疼痛會減輕。
- 必須站著的工作者要多休息：持續站著工作的話，血液循環會變差，容易讓血液囤積在靜脈裡，所以請適度休息。

站起來會暈眩

　　受到變大的子宮壓迫而血液循環變差，突然站起來時，流到腦部的血液會暫時不足，而感到頭昏暈眩，這不是生病，所以不用擔心，只要注意放慢動作。

- 可以這樣做：站起來或坐下來，動身體的時候，動作要慢。

皮膚癢

　　荷爾蒙分泌的變化，讓媽媽的肌膚變得很敏感。因為這個關係，有時會覺得很癢。有的媽媽不只是貼身衣物緊壓的地方會癢，也有全身發癢的情形，所以請穿膚觸柔軟的貼身衣物，或是使用保濕乳液來保養。

雀斑、斑點

　　因荷爾蒙分泌的變化，也有媽媽會長出雀斑或斑點。為了避免長更多，所以要戴帽子或擦防曬乳來防曬。另外，多多攝

取含有豐富維他命C的水果或黃綠色蔬菜來抑制導致皮膚變黑的麥拉寧色素。

便秘和痔瘡

　　懷孕期間便秘變嚴重的媽媽愈來愈多，懷孕的話便秘會變嚴重，加上如果運動不足或是蔬菜攝取不足的生活方式，也是讓便秘惡化的原因之一。為了消除便秘，千萬不要自行判斷去使用市售的便秘藥或浣腸，一定要和醫師討論。

　　便秘變嚴重，肛門的黏膜受傷會出血，或是壓迫到靜脈而淤血而形成瘤，這就是痔瘡。因為放著不管會惡化，所以要和醫師商量並開處方。

自我提醒的8件事

☑ 準備好生產及新生兒用品，決定好在哪裡生產，如果想先入院待產的話，可以在這個月確認好入住的準備事宜。

☑ 是不是要保留臍帶血，可以在這時與先生討論。

☑ 為了寶寶和媽媽的健康，不要遺漏妊娠糖尿病等定期檢查。

☑ 由於肚子變得非常大，走路時要更小心，累的時候就休息一下吧。

☑ 睡覺時，側躺會比平躺更舒服。持續做腹部按摩，並使用婦嬰專用的護膚乳。

☑ 每週體重增加若超過0.5kg，就要減少鹽分和水分的攝取，以預防子癲前症和子癲症。

☑ 便秘嚴重的人要注意水分和食物纖維的攝取。

☑ 可以參加媽媽教室、生產教室，試著與其他媽媽交流，會安心不少。

預防便秘的日常生活

- 不要勉強憋氣用力：想大便而去上廁所時不要太過用力。
- 固定上廁所的時間：在相同的時間上廁所，就能調整好排便的規律。
- 讓血液循環變好：泡澡溫熱肛門，或是用蓮蓬頭沖，讓肛門的血液循環變好。
- 保持清潔：排便後用免治馬桶沖洗，以保持清潔。洗澡時也要用溫水沖洗乾淨。

預防便秘的日常飲食

　　可以試著從調整日常飲食來削除便秘。例如適量食用優格，裡頭含有的乳酸菌等有益菌，可以讓腸內環境變好。或是一天攝取20～25g的膳食纖維，能製造出適量且容易排出的大便、調整腸內環境。還有，如果每天的水分攝取不足，大便就會變硬，造成排便不順暢，所以建議一天要喝至少1000c.c.的水，但也不超過1500c.c.。

需要進行的檢查

貧血檢查

　　懷孕中期最需要注意的問題就是貧血。雖然說孕期的貧血是因為鐵質攝取不足，但追根究柢，還是因為懷孕而使血紅素下降，造成貧血現象。為了把懷孕10個月一直到生產那一刻可能發生的危險最小化，媽媽應該再次接受貧血檢查。不管懷孕之初有無貧血，經檢查後出現貧血或情況更加嚴重的媽媽，要提高鐵劑的用量。

妊娠糖尿病檢查

　　妊娠糖尿病可能導致新生兒畸形、低血糖、死胎，或者在生產時誘發產婦或胎兒的併發症，因此早期發現是非常重要的。生產後，產婦患糖尿病的機率也會增加。因此在懷孕第24～28週，一定要接受妊娠糖尿病檢查。檢查時媽媽要先喝50g的葡萄糖，並在1小時後抽血檢驗血糖濃度。

維生素C可以促進鐵質吸收，媽媽可以多吃含維生素C的食物，例如：芭樂、橘子、奇異果、蘋果、綠色蔬菜等。

關於懷孕與生產，媽媽們最想知道的……

Q1 剖腹產的傷口該怎麼照顧？

　　剖腹產最大的缺點，就是手術後會留下疤痕。剖腹時大概會切開10～13公分的傷口，有一段時間感覺會變得比較遲鈍，覺得那好像不是自己身上的肉，皮膚也會麻麻、痛痛，覺得怪怪的。這種感覺大概幾個月內就會消失，但傷口卻不會跟著一起消失；如果沒有好好照顧傷口，可能會形成永久的疤痕，要是媽咪剛好有蟹足腫體質，整個疤痕就會更嚴重地凸出來。剖腹後的2週～第3個月，傷口位置會變成紅色，而且會明顯凸起。到了第6～9個月時，傷口顏色就會逐漸變淡、大幅好轉。不過，照護傷口最重要的時間點，就是手術結束之後。

　　每家醫院給的傷口照護方法都不太一樣，有的會要你貼美容膠帶並且盡可能貼久一點，也有的醫院會建議使用疤痕護理矽膠片。還有些醫院會開藥膏，像是蓋絡卡緹凝膠、倍舒痕凝膠、康霸凝膠等等。如果傷口癒合，一天擦2次以上的除疤藥膏，至少持續擦6個月，如果傷口顏色變淡，就用美白藥膏淡化色素。

　　如果拆線之後傷口沒有順利癒合，或是傷口附近開始起疹子等，有出現任何異常症狀的話，就要立刻就醫，別只顧著照顧寶寶而疏忽了自己。

Q2 剖腹產的坐月子方式不同嗎？

　　剖腹產的坐月子原則跟自然產沒什麼太大的區別，主要是不要受寒、不要做很費力的事等等，除了產後第一週以外，基本的調理原則都是一樣的。不過因為剖腹產的媽媽動過刀，所以在飲食、疼痛復原、和傷口管理等方面，都要比自然產的人更小心注意才行。

　　剖腹產平均會住院一個禮拜左右，通常會在出院前一天或出院當天拆線。生產手術當天大多會要求禁食，之後如果沒有什麼大問題，手術後8小時就可以開始喝點流質食物，接下來就慢慢可以吃粥、吃飯。手術後12小時或隔天的早上就會拿掉尿管，接著會確認產婦能不能夠自行排尿、排氣。

　　至於母乳分泌的時間點，每個媽媽的情況都不太一樣，有些人在產後的2～3天開始分泌，也有人是過了一個禮拜之後才有母乳。

　　剖腹產因為有術後的傷口，剛開始移動起來會比自然產的人更不方便。雖然可能會不太舒服，不過如果手術後隔天早上，能在陪同者的協助下開始走動走動，才有助於快速恢復，也可以預防手術的後遺症。要是覺得非常痛，不要只是忍下來，而是要請醫生開止痛藥，等到症狀好轉再繼續運動。適度活動身體很重要，恢復到日常作息的速度也會快一些。

初期 0 Month

初期 1 Month 1~4週

初期 2 Month 5~8週

初期 3 Month 9~12週

初期 4 Month 13~16週

中期 7 Month 25~28週

後期 8 Month 29~32週

後期 9 Month 33~36週

後期 10 Month 37~40週

懷雙胞胎的準媽咪注意事項

懷雙胞胎的準媽咪愈來愈多。準爸媽沉浸在喜悅中的同時，
也要注意，懷雙胞胎患有併發症的機率比普通懷孕者高哦！

同卵雙胞胎&
異卵雙胞胎

　　一般的懷孕，子宮內只有一個胚胎，而當懷孕的子宮內包含兩個以上的胚胎時，便稱之為多胎妊娠，最為人所知的多胎妊娠就是雙胞胎。

　　雙胞胎分為同卵雙胞胎和異卵雙胞胎。由一個精子和一個卵子相結合，形成的受精卵分裂成兩個受精卵而形成的雙胞胎稱為同卵雙胞胎。在這種情況下，由於遺傳基因完全相同，所以兩人的性別會相同。

　　如果是受精卵在著床前就已分裂，即受精後約五天內分裂者，基本和異卵雙胞胎一樣，擁有各自的絨毛膜和羊膜囊，這其中也有羊膜囊共用的情況。而如果是著床後分裂者，兩個受精卵則會共用

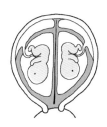
異卵雙胞胎：
有各自的胎盤和羊膜腔

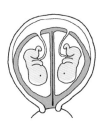
同卵雙胞胎：
共用胎盤但有各自的羊膜腔

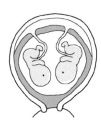
同卵雙胞胎：
共用胎盤和羊膜腔

一個羊膜囊。至於如果是兩個胎兒身體的某一部分黏在一起的話，就會形成連體嬰。而排除人種、年齡、遺傳、生產經驗等因素，研究顯示，全球每1000名準媽咪中會有3～5名準媽咪懷上雙胞胎。

　　異卵雙胞胎由兩個精子和兩個卵子分別結合形成。因此異卵雙胞胎的長相、性格甚至性別都有可能不同。異卵雙胞胎的兩個胎兒在子宮著床後，胎盤可能挨在一起也可能相隔一段距離。但是不管胎盤距離遠近，兩個胎兒都擁有各自獨立的絨毛膜和羊膜囊。另據研究顯示，異卵雙胞胎與人種、遺傳、準媽咪年齡、生產經驗和不孕治療用藥等問題有關。

雙胞胎、三胞胎以上的懷孕，在兩個月時用超音波檢查可以知道。因為比起懷一個寶寶，肚子會變得更大，對母體的負擔很大，所以擔心會有早產或妊娠高血壓症候群的可能。比起懷一個寶寶，在生活上更要注意飲食、避免太疲勞。

檢測雙胞胎的最佳時期

透過試劑和驗尿無法得知是否懷了雙胞胎，只有在懷孕6～8週時透過超音波檢查才能知道。其中，又以第8週是最佳檢測的時間，太早檢查則有可能發生誤診。

同時，如果是懷雙胞胎的媽媽要注意，在懷孕過程中可能發生兩個胎兒中的一個在子宮中夭折的情況。一般表現情形都是早期做超音波檢查時能夠看到胎兒，而在之後的檢查中卻看不到胎兒。統計顯示，每30名懷著雙胞胎的準媽咪中會有1名準媽咪遇到這樣的情形，叫做「雙胞胎消失症候群」。

若上述狀況發生在懷孕14週之前的話，死胎會自動被子宮吸收而消失，對母體沒什麼大問題。但是，如果發生在懷孕中期之後會比較危險。而且一個胎兒死後，子宮內的血流平衡被破壞，導致壓力發生急劇變化，則很有可能帶給另一個胎兒多種後遺症。簡而言之，懷多胞胎對準媽咪和胎兒

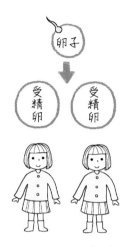

同卵雙胞胎：一個受精卵分裂成兩個，依分裂的時期不同，絨毛膜和羊膜的形態雖然會不同，但胎盤只有一個。

異卵雙胞胎：兩個卵子和兩個精子各自受精。

來說危險性都比較高，因此定期的檢查就變得重要且必要。

準媽咪和胎兒會面臨的問題

早產

懷雙胞胎的準媽咪發生早發性宮縮（一般為懷孕37週前）的機率約為50％。而經歷過早發性宮縮的準媽咪中有1/3的人會早產。所以懷雙胞胎的準媽咪可能要做好早產的心理準備。

子宮過大

由於子宮內有兩個胎兒，隨著他們的成長，子宮也要不斷地擴大，這會帶給準媽咪一定的負擔，不僅早產的可能性增加，還有生產後的子宮收縮乏力而引起產後出血的可能。

貧血

一般來說，懷孕後母體由於要給胎兒提供鐵元素以促進胎兒的發育，所以容易缺鐵。而懷雙胞胎的準媽咪更容易有此傾向。統計顯示，懷雙胞胎的準媽咪貧血比例高達70％。

羊水過多

在雙胞胎妊娠中，準媽咪的羊水不正常增加，

初期
0
Month

初期
1
Month
1～4週

初期
2
Month
5～8週

初期
3
Month
9～12週

初期
4
Month
13～16週

中期
7
Month
25～28週

中期
8
Month
28～32週

中期
9
Month
33～36週

中期
10
Month
37～40週

會引發羊水過多症，而引發準媽咪的心臟機能低下。但是，雖然懷孕期間準媽咪的小便量可能會減少，且心臟機能的各項數值也會增加，不過大部分在生產之後即會恢復正常水準。

子癲前症（懷孕水腫、蛋白尿、高血壓）

懷雙胞胎的準媽咪患子癲前症的機率約為16％。患子癲前症者可能引發腦出血、尿毒症、痙攣、胎盤剝落等威脅準媽咪和胎兒生命的問題。若本人或家中有患高血壓的準媽咪，或之前患過子癲前症的準媽咪，應從懷孕初期開始注意飲食少鹽。

妊娠糖尿病

由於胎兒透過胎盤從母體吸收營養，所以一旦準媽咪的血糖值升高，胎兒也會受其影響。約有2～4％的準媽咪患妊娠糖尿病，而懷雙胞胎的準媽咪罹患妊娠糖尿病的機率更高。

胎盤剝落

這是指胎盤在生產前從子宮壁上脫落的情形。一般說來，懷雙胞胎準媽咪較正常準媽咪容易發生。胎盤剝落能引起早產、懷孕後期或生產後一月內嬰兒死亡等嚴重問題。

胎兒畸形

雙胞胎發生先天性畸形的可能性也比單胞胎胎兒高。除了一般的畸形之外，雙胞胎還會發生特有的畸形，最具代表性的莫過於連體嬰。單胞胎發生主要畸形症狀的可能性為1％，而雙胞胎為2％。

從引發畸形的原因來看，雙胞胎的畸形主要由於染色體異常而引發；同時，如果兩側胎兒的其中一方甚或是兩方同時有羊水過多的問題的話，則染色體發生異常的機率會更高。

體重過輕＆未成熟胎兒

雙胞胎可能由於在子宮內發育受限制或早產的影響，產下低體重兒或未成熟胎兒的出生率高。如果不是兩個受精卵而是一個受精卵發育而成的雙胞胎，發育時受到的限制更大。一般來說，在懷孕28～30週之前，雙胞胎的發育情況與單胞胎沒有什麼區別，但在這之後雙胞胎的體重增加速度普遍慢於單胞胎。

懷雙胞胎準媽咪的生活守則

攝取鐵、葉酸以避免貧血

懷孕後期血液會有定量的增加，懷單胞胎者約為40～50％，懷雙胞胎者約為50～60％。一般生產所損失的血液約500c.c.，生產雙胞胎損失的血液約1000c.c.。也就是說，懷孕後期增加的血液是為生產而準備的。由此可見，懷雙胞胎準媽咪的迴圈血液量（在血管中流動的血液量）比一般準媽咪多，生產時出血也更多，所以一定要攝取更多的鐵和葉酸。

避免心臟刺激

懷孕後準媽咪（特別是懷雙胞胎的母親）心臟負擔較大。若脈搏收縮時流出的血量增加，心臟就需要負擔更多的工作。因此，建議準媽咪儘量避免做會刺激心臟的活動。

多喝水

　　如果準媽咪出現脫水症狀，易發早發性宮縮及早產，所以即使是強迫，也請多喝水，一天最少要喝1000～1500c.c.的水。

38週生產

　　由於發育速度的不同，雙胞胎的生產時間與單胞胎不同。一般來說單胞胎的生產時間為40週，而雙胞胎為38週。36週時單胞胎胎兒的肺才發育成熟，而雙胞胎在32週時已經完成這一發育過程。正是因為這個原因，約80％的雙胞胎妊娠會比單胞胎正常生產期提前3週發生產前陣痛。

建議自然生產的情況

　　如果兩側的胎兒都處在正常位置的話，建議準媽咪採取自然生產，但這種情況在雙胞胎妊娠中所占比例不會超過50％。自然生產時，一側的胎兒先出生，10～15分鐘後會再次陣痛，另一側的胎兒隨即出生。但如果其中一名胎兒是臀部先露出或出現其他問題的話，就要立即改為剖腹產。

雙胞胎兒常見的併發症

連體嬰

　　連體嬰一般只發生在同卵雙胞胎的受精卵上，約6萬對雙胞胎中會有1對連體嬰出生。每對連體嬰身體連接的部位都不盡相同，其中最常見的是胸部相連，機率有40％。

只有一側胎兒有心臟

　　兩個胎兒中只有一名胎兒有心臟的情況稱為無心畸形。沒有心臟的胎兒透過臍帶從正常發育的胎兒接受血液。無心畸形一般只發生在異卵雙胞胎的受精卵上。但是發育正常的胎兒出生後也會受到一定的負面影響。

雙胞胎輸血症候群

　　一般都發生在共用一個胎盤的同卵雙胞胎中。是指兩個胎兒之間的血液交換失去平衡，一個胎兒的血液源源不斷地輸給另一個胎兒但得不到對方的回流補償。如此一來，兩個胎兒的體重和發育狀況就會產生差異。受血方易引發心臟肥大、胎兒水腫或羊水過多症；而輸血方則易發生發育不良、貧血、羊水過少等症狀。

　　與其說同卵雙胞胎是受遺傳影響，不如說是在受精過程中受到其他因素而引起受精卵分裂所產生的結果。但是相對來說，異卵雙胞胎則受遺傳的影響較大，所以女性的身體才會排出兩顆卵子。

　　因此，生產過雙胞胎的母親再次懷雙胞胎的可能性也較大。若準媽咪具備以下條件，較有可能懷異卵雙胞胎：

- 高齡產婦（35～39歲）。
- 個子較高且體重較重。
- 有多次生產經驗。
- 家族中有雙胞胎（遺傳）者。
- 遵守排卵日受孕而懷孕者。

初期 0 Month
初期 1 Month 1~4週
初期 2 Month 5~8週
初期 3 Month 9~12週
初期 4 Month 13~16週
中期 7 Month 25~28週
後期 8 Month 28~32週
後期 9 Month 33~36週
後期 10 Month 37~40週

PART 4

懷孕後期
8～10個月
安心懷孕必學的關鍵知識

準媽咪孕生活基礎保健＆檢查＆必須注意的疾病
住院和新生兒必要物品怎麼準備？生產的疑惑一次詳解！

懷孕8個月的大小事

從這個月開始，如果是職業婦女，會覺得上下班時身體變得很沉重，胎兒在這個月成長快速，每個月的產檢也改為兩週一次。

媽媽的身體

變大的子宮往上推擠
有時也會感到心悸或胃脹

從這週開始進入懷孕後期。因為變大的子宮會往上推擠到心臟或胃，所以容易感到心悸或氣喘、胃脹。另外下腹部或腿的根部有時也會覺得有沈重感或疼痛。妊娠高血壓症候群的可能性也更加升高了，所以如果一整天都有水腫現象就要特別注意。

另外，從傍晚到晚上，肚子緊繃、變硬的次數也會增加。如果休息就會消失的話，就不用擔心，但要注意有沒有早產的徵兆。

也因為子宮上升到了腹部，呼吸變短，若刺激乳頭就會分泌出乳汁。由於預產期臨近，分泌物也變多，為了預防外陰部的皮膚炎或濕疹、搔癢症，要特別留意私處清潔。另一方面，胎兒位置會向下降低，準媽咪的下腹部明顯感覺到胎兒重量，甚至有時還會覺得好像胎兒要掉下來一樣。

由於子宮成長非常快速，造成緊繃的肌肉組織抽痛，下腹部就像被針刺一樣疼痛，腹部的兩側像被什麼東西拉扯，疼痛的週期大約為每天幾

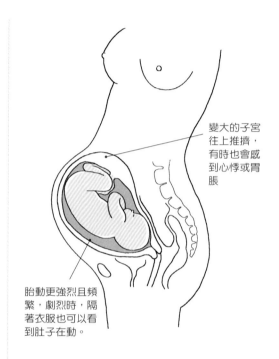

變大的子宮往上推擠，有時也會感到心悸或胃脹

胎動更強烈且頻繁，劇烈時，隔著衣服也可以看到肚子在動。

次，一次約10多分鐘。而早產引起的肚子疼痛很規律，而且有羊水流出、陰道分泌物突然增多，毛細血管破裂、出血等現象，就要特別注意。

- 媽媽的乳房變大。
- 體重急速增加，變得容易水腫，肚子緊繃、變硬的次數增加。
- 靜脈曲張和妊娠紋更嚴重，肋骨有疼痛感。
- 臉和腿部都會水腫，腰部、背部等處疼痛，太累時會出現腹部抽痛等症狀。

寶寶的樣子

體重會比身高增加得更快，身體上開始有皮脂肪附著而顯得圓滾滾

身高增加得更快，胎兒的骨骼基本上已經長好，腦細胞和神經系統也連結在一起，大腦可向身體傳遞訊息。

懷孕 **8** 個月

〔身高〕40〜43cm
〔體重〕1.5〜1.8kg

身體顯得圓滾滾的，從超音波會看到宛如球一般胖嘟嘟的身軀。胎兒體毛就像頭髮一般，手腳變得更為靈活，踢子宮的力道變得更強。對周遭的聲音會產生反應，也可以感受到媽媽愉快或憂鬱的心情。

初期
0
Month

初期
1
Month
1~4週

初期
2
Month
5~8週

初期
3
Month
9~12週

初期
4
Month
13~18週

後期
8
Month
28~32週

寶寶現在是這個樣子

比之前更敏銳感受到外面的明暗變化
- 闔在一起的眼皮分成上下兩半。
- 由母體傳來的褪黑激素，使胎兒能感應明暗變化。
- 若臍帶或手指在胎兒附近時，他會反射性地活動。

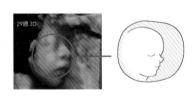

視覺和聽覺神經快速發育，為出生作準備
- 有輕微的呼吸，但是這時胎兒的肺裡還是沒有空氣。
- 皮膚被白色的胎脂覆蓋，視覺神經正在快速發育。
- 聽覺發育得更好，可以區分從外界傳來的爸爸媽媽聲音。

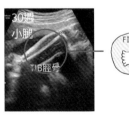

跟寶寶說說話，促進寶寶的聽覺發育
- 覆蓋皮膚的胎毛形成向毛根傾斜的紋路。
- 鼻孔打開並發出微弱的呼吸聲。
- 聽力幾乎已發育完全。

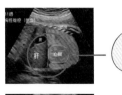

可以看見寶寶的眼珠了
- 有時會睜開眼睛。仔細觀察的話，可以看到胎兒的眼珠。
- 討厭吵雜的聲音，喜歡媽媽溫柔的聲音。

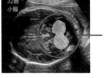

準媽咪孕生活基礎保健&檢查

懷孕進入後期，適合散步一類的輕鬆運動，
要注意飲食節制，不要暴飲暴食，減少鹽分和水分的攝取。

規律的飲食生活、
注意觀察身體的變化

媽媽們，做好生產的準備吧！

1 最好的運動就是散步

在懷孕後期，準媽咪的運動量如果較少，生產過程可能會出現問題，但是運動時要留心早產和破水。可做些散步這一類的輕鬆動作來幫助生產；上下台階也是在日常生活中可以常常練習的輕鬆運動，若能持續將會有助於生產，也能讓心情自然而然地平靜下來。此外，多做深呼吸也有助益，先挺直腰桿，雙手輕放在膝蓋上，再進行深呼吸。

2 享受短暫的午睡

懷孕進入後期，準媽咪最好每天睡10～20分鐘左右的午覺，對減輕疲憊效果很好，同時也能帶給胎兒安全感。

若長時間躺臥或睡得太久，會使母體和胎兒變得虛弱，因為媽媽的狀態和胎兒是息息相關的，難產的可能性也會跟著變大。

懷孕後期的準媽咪側躺會比較舒適，向左側躺較不會給心臟帶來負擔。

3 規律的飲食生活

要按時吃飯，並且吃容易消化的食物。注意飲食節制，尤其在零食和正餐中絕對禁止攝取過多的卡路里，飲食中也要減少鹽分和水分的攝取。

4 預防便秘與消化不良

便秘是準媽咪最煩惱的事情之一。隨著懷孕週數的增加，便秘症狀會日趨嚴重，排便時需要使出很大的勁，感覺肚子似乎要往下掉，很有可能造成心理上的負擔。為此，儘量攝取適當水分與纖維質豐富的食物，可改善便秘情況。

子宮變大壓迫到腸胃，用餐後容易伴隨消化不良而出現腹脹與疼痛，

只要增加用餐次數，在點心時間攝取有益身體健康的高纖蔬果，正餐的食量自然會減少，也有助產後瘦身。

5 儘早確定在哪裡生產

想在娘家或婆家調理身體的準媽咪，應該在第9個月以前，從住所附近的診所或醫院選擇生產的地方。但是如果有早產危險，或是前置胎盤，建議改換到大型醫院生產。

6 避免遠距離外出＆不恰當的性行為

懷孕第8個月起，若外出往返的時間超過2小時，就要慎重考慮；

為了安全考量，準媽咪也不要單獨出門。若是獨自出門時，要先告知家人前往的地點，並且攜帶準媽咪健康手冊、健保卡、身份證等證件。

懷孕後期若有不恰當的性行為，很有可能引起子宮收縮而引發早產，也可能會造成陰道感染，要儘量減少性生活，即使從事性行為時，也要避免過深地插入或刺激。特別是子宮頸或陰道有發炎的準媽咪，有可能造成出血。所以，在懷胎後期的性行為一定要謹慎小心。

7 檢查身體的變化

高齡產婦出現胎盤提前剝落以及前置胎盤的機率較大。因此，高齡產婦在懷孕後期要隨時檢查是否有出血症狀。哪怕只是些微出血，也要儘快到醫院檢查，以確定出血原因。

這個時期的準媽咪已全身進入預備生產狀態，因此，更要常常留心身體發出的生產訊息。在預產期前後2週，都有可能發生生產，所以一旦出現生產的徵兆，請不要驚慌，立即前往預訂的生產醫院。

8 做好生產準備

懷孕後期，準媽咪隨時都有可能會生產，且越接近預產期，情緒上會越不穩定。最好的調適方法，就是事

先做好生產的準備。如果是出院後會直接回家，可事先做好家中大掃除，角落灰塵也要打掃乾淨，讓房間保持通風。

新生兒和住院用品也要事先準備

好，嬰兒房也要預先佈置完成。嬰兒房不一定要獨立一間，也可以在主臥室裡，預備好嬰兒床、被子、尿布等嬰兒用品。

需要做的相關檢查

之前準媽咪只要每隔4週到醫院就診一次，而從這個月起，每2週就需到醫院就診，測量媽媽的血壓與體重等，也開始以超音波檢測胎兒的體重與羊水量是否符合標準值。因胎兒身體變大，準媽咪的身體變得沉重且辛苦，一直承受著沉重負荷的準媽咪身體若在此時出現問題，就會提高併發早期陣痛、子癲前症、妊娠糖尿病等機率。

超音波

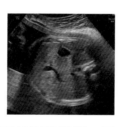

檢查胎兒的位置和發育狀態，子宮頸的狀態、產道大小，還有羊水量和胎動情況。羊水過少或者過多都有可能引發問題，因此需要細心觀察。若胎兒特別小，有可能是胎兒在子宮內的發育遲緩。

檢查胎兒的體重與羊水量是否在正常值範圍內。從這個月起胎兒的生理結構功能朝細分化發展，明顯觀察到的變化就只剩下體重的增加。這時可利用超音波檢測胎兒發育是否完全成熟，未來是否可能出現問題等。

檢查是否為早期陣痛

所謂早期陣痛是指在懷孕第37週前所發生的陣痛狀況。隨著懷孕週數的增加，肚子總有要往下掉的感覺。子宮變大所需的血液量也增加，當得不到足夠的血液供給時，久坐或久站的情況下、精神上承受極大壓力的時候、身心疲憊的時刻等，偶爾也會發生腹部痙攣症狀。

這種腹部痙攣症狀是為了讓流往子宮的血液供給順暢，當身體發出訊號時，就請準媽咪「舒服地休息吧！」隨著懷孕週數的增加，這種現象的出現次數也會越頻繁。

林醫生真心話

導致早期陣痛的原因至今不明，可以確認的是，感染是導致早期陣痛或加速其症狀惡化的原因之一。早期陣痛是在準媽咪休息後，仍會出現腹部痙攣或下墜感，一個小時內會出現5～6次以上的痙攣症狀，非常有規律性。出現這種症狀時，最好能到婦產科就診，看看是單純的腹部痙攣或是早期陣痛。

若斷定是早期陣痛就需馬上住院，做充分的休息，當早期陣痛無法控制時，就可能導致早產。懷孕第28週前的早產有可能導致胎兒併發一些症狀，所以須特別留意早期陣痛的徵兆。

可以進行自我提醒＆檢查

☑ 注意高血壓、水腫、蛋白尿、體重急遽增加，臉及雙腿都會水腫。在傍晚時水腫是很正常的，但如果早上起床時還是出現水腫，有可能是子癲前症和子癲症。

☑ 下腹部、乳頭、外陰部的色素沉澱更加嚴重，但在生產後會變淡，不需要太擔心。確定是否哺育母乳。挑選適合嬰兒的保險。

☑ 這時還會出現消化不良、腹部疼痛等症狀。持續變大的子宮會壓迫到胃腸，導致腸蠕動遲緩，食物停留在腸子裡的時間增長，會出現消化不良的症狀。

☑ 第29週開始，每2週接受一次產檢。準備好生產及新生兒用品，嬰兒房也要佈置好。

☑ 不要讓肚子受太大的外力壓迫，以免提高早產可能性。

☑ 在寶寶出生前，媽媽盡量去做想做的事，可以看場電影或吃一頓浪漫的晚餐，珍惜這段特別的時光。

☑ 不要以固定的姿勢久坐，在上下高低處時，要特別留心，可輕輕地揉搓腿部，並稍微抬高腿部約20分鐘，預防靜脈曲張。

☑ 充分瞭解去生產醫院的路線，以備突然的陣痛。

☑ 荷爾蒙的分泌使骨盆附近，特別是屁股和膀胱前的骨頭關節拉伸，且關節變得脆弱，因此脊椎周邊的韌帶或肌肉很容易受傷。

初期 0 Month

初期 1 Month 1~4週

初期 2 Month 5~8週

初期 3 Month 9~12週

初期 4 Month 13~16週

後期 8 Month 28~32週

後期 9 Month 33~36週

後期 10 Month 37~40週

不能輕忽的妊娠高血壓&子癲前症

懷孕時最重要的就是避免妊娠高血壓和子癲前症的發生，
為了自己和胎兒請清淡飲食，以下提供自我觀察和預防的好方法。

妊娠合併症

在懷孕時期孕婦在高血壓之外，還合併有蛋白尿或全身性水腫，就是子癲前症。

子癲前症會增加胎兒生長發育遲緩，或者出現胎盤過早剝離而造成死胎的機率。妊娠合併高血壓的情形有以下幾種

- 妊娠高血壓：懷孕時的血壓變高，收縮壓 ≧ 140mmHg，或舒張壓 ≧ 90mmHg，就會被診斷為高血壓，若沒有合併尿蛋白，產後大多能恢復正常。
  輕微的高血壓可以在飲食上控制，避免吃太鹹。如果收縮壓超過150mmHg，就要進行治療。
- 子癲前症：是指懷孕20週以後才出現的高血壓，並且同時合併有尿蛋白或全身性水腫。
  如果懷孕前有癲癇病史的女性，在孕期癲癇機會也會提高，有很多孕媽咪是懷孕時才出現癲癇症狀，也就是「子癲前症」或「子癲症」，且多半發生在20週以後。

若擔心發生子癲前症等懷孕併發症的話，可以透過尿檢來檢查尿蛋白。若是準媽咪的尿液中含有過量的蛋白質，或是整天都處於水腫的狀況時，罹患子癲前症和子癲症的機率就會很高。

自己能做的簡單測試

- 體重一個禮拜增加500g以上。
- 即使過了一個晚上也不會消失的水腫，或是用手指壓，凹陷下去的地方都不會回復原狀。

小心！這些類型容易罹患

☑ 35歲以上、第一次生產的女性，以及18歲以下的年輕女性。

☑ 上一胎懷孕時，曾得到子癲前症或子癲症的人。

☑ 有高血壓或腎臟病、甲狀腺疾病等家族病史的人，或自身曾罹患者。

☑ 喜歡甜食或辣的、鹹的等口味重的食物的人。

☑ 經常挑食，營養不均衡，或是高熱量飲食的人。

☑ 懷孕前，或是懷孕之後，體重增加過多的人。

這樣做可以避免

　　平常飲食口味要清淡，確實做到控制鹽分，一天大約攝取6～7g。平常可以吃蛋、牛奶、豆腐、雞里肌肉等來補足優質的蛋白質。還有多攝取鈣質，鈣可以穩定輕微的高血壓，平常可以吃點鈣片，我們會希望一天補充1000mg的鈣，食物要吃到1000mg要吃進很多才有可能，所以直接補充鈣片會比較快。

　　另外，利用運動來促進血液循環預防水腫，以及要有要有充足的睡眠，避免累積疲勞。

平常飲食多多攝取優質的蛋白質，像是蛋、牛奶、豆腐、雞里肌肉，以及吃點鈣片，加上保持運動促進血液循環，就能生出健康又可愛的寶寶。

胎位不正該怎麼辦？

　　子宮的形狀是上寬下窄的「倒梨型」，一般28週以前，相對於胎兒的大小，子宮空間還算充足的情況下，胎位比較容易矯正，通常懷孕到32週以後，胎兒會自動轉成頭下腳上。所以如果腳或屁股在子宮口附近，就是「胎位不正」。

　　通常，寶寶是頭向著子宮口的「頭位」的姿勢，在羊水中浮著。但是，也有寶寶是頭在上，腳或屁股朝下。如果生產時的胎位是不正的，因為會有延長生產時間的問題，所以為了母子安全，大多會選擇剖腹生產。

　　因胎位不正而要擔心的生產問題，主要是陣痛很弱會拖延產程的情況；以及因為頭出來的時候會壓迫到臍帶，寶寶的血液循環會被阻礙；還有就是如果腳先出來，會引起連臍帶也一起出來的臍帶脫出，會造成寶寶的氧氣不足。

32周以後，胎兒會自動轉成頭下腳上的姿勢。

胎兒的先露部位是臀部，且寶寶屁股在最下面呈坐姿狀。

胎兒躺橫則為橫式胎位，先露部位即可能是肩膀。

初期 因為會在羊水中自由地動身體，所以寶寶的位置還不固定。

中期 雖然胎位不正的機率相當高，但因為是會活潑地動來動去的時期，所以自然就會矯正。

後期 33週以後，身體變大，羊水也逐漸減少，所以胎位不正變得很難矯正。

試試這些體操來矯正胎位

寶寶在接近生產的時候，會變成頭朝下的「頭位」，如果過了30週卻還是頭朝上或是橫向的話，就會被認定是胎位不正，以下可以試試用體操來矯正胎位。否則到生產前還是胎位不正，就必須剖腹生產。

1 把雙膝和胸靠在地板，把屁股往上抬高5～10分鐘的膝胸臥式。

• 如果肚子緊繃，請不要做。

2 仰躺，把屁股往上抬高約30cm，靠在抱枕上10分鐘的仰臥式。

• 不管用膝胸臥式或仰臥式，都是在就寢前做。

關於懷孕與生產，媽媽們最想知道的……

初期
0
Month

初期
1
Month
1~4週

初期
2
Month
5~8週

初期
3
Month
9~12週

初期
4
Month
13~16週

後期
8
Month
28~32週

後期
9
Month
33~36週

後期
10
Month
37~40週

 該選擇什麼房型？母嬰同室？單人房？多人房？

感覺到產兆，去醫院開始辦理手續的時候，醫院會問生產完想要選擇母嬰同室，還是一般病房（單人房、雙人房、多人房）。如果選擇母嬰同室的話，醫院會幫忙把新生兒的床放在旁邊，讓媽媽可以跟孩子待在同一個房間裡，大部分是單人房或雙人房。因為一直跟寶寶在一起，方便哺乳，也可以提高全親餵（全程親餵母乳）的機率。不過，因為要一直幫寶寶換尿布、餵奶等，媽媽很難好好休息。

一般病房中的多人房，全天的住房費會由健保給付，但因為需要跟其他人一起待在同一個空間，所以得先做好忍受噪音的準備。雙人房比較能舒服休息，價格也適中。單人房的優點是很安靜、還可以自由使用母嬰同室的空間和新生兒房，不過一天就要多付4～8千不等的費用。

如果住一般病房，寶寶會送到育嬰室照料，等到要哺乳的時間到了就會來電通知媽媽。雖然可以不用一直照顧小寶寶，不過醫護人員一通知要餵奶，媽媽就得立刻趕去哺乳室，要是媽媽的病房跟育嬰室的距離非常遠，這樣來回移動也可能讓產後媽咪更辛苦。

產前一定要先確認病房跟哺乳室的位置！萬一病房和哺乳室離很遠，還不如乾脆選母嬰同室比較好。即使選了母嬰同室，但身體狀況若沒有很好，還是可以把孩子交回給育嬰室，媽媽比較可以看狀況變通。

 如果因為早產住院，會接受什麼樣的治療？

台灣近10年來，早產兒發生率大概是8.5%～9.4%，而且有逐年增加的趨勢，幾乎每10個新生兒中，就有1個是早產兒。所謂早產是指懷孕未滿37週就出生，或出生時體重未達2.5公斤的寶寶。雖然是早產兒，但如果滿24週以上出生，嬰兒的肺部就已經發育到可以靠著人工呼吸器來呼吸了。

早產的代表性徵兆是下腹變硬、緊繃且會痛，如果肚臍周圍或下腹出現硬硬一塊、覺得緊繃，就要趕快側躺、安穩下來。如果肚子緊繃的同時，還感受到規律的陣痛，必須立刻就醫。

有出血現象是生產的徵兆，所以一旦發現，就必須立刻去醫院。

如果不知不覺中有溫熱的水像尿尿一樣流出來，表示羊膜破了導致羊水流出，要趕快去醫院。如果出現早產症狀，原則上需要住院安胎，施打子宮收縮抑制劑、每天檢查胎動，也要用超音波觀察胎兒的狀態。如果沒有更進一步進入產程，等到子宮收縮的情況停止就能出院了。不過出院之後，媽媽也應該要在家躺著休息，減少外出的機會。

145

33－36週 腹部會脹到肚臍突出且變得非常結實

懷孕9個月的大小事

到了第9個月，媽媽需要充分地休息，並且完成生產的準備工作，
如果生產的醫院已經確定在娘家附近，這個月最好能搬到娘家附近居住。

媽媽的身體

子宮重量日益增加，連接骨盆的恥骨疼痛，且容易引起便秘和痔瘡。

頂著大肚子，最辛苦就是在9個月的時候。在懷孕35週時，子宮底在最高的位置，到達心窩的附近，因為心臟或肺也會被壓迫到，所以心悸或氣喘會變嚴重，媽媽心跳會變得更快、呼吸急促。因為膀胱也被壓迫到，上廁所的次數也會增加。

開始進入生產的準備，陰道或子宮口逐漸變柔軟。因此，分泌物會增加更多，或是外陰部感覺會有腫腫的壓迫感。由於血液循環量更增加，造成水腫，所以一到傍晚鞋子就會變緊，或是腳踝明顯變粗。

這個月的子宮會到達懷孕時最高的位置，上升到心臟下緣，準媽咪很難正常進食，反胃也到達最高峰。而且動作快不起來，也變得很容易就感到疲勞。打噴嚏或咳嗽有時還會漏出少許的尿。腿的根部會痛，且抽筋的次數也會增加。

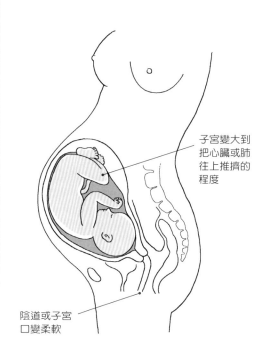

子宮變大到把心臟或肺往上推擠的程度

陰道或子宮口變柔軟

由於腰痛情況可能更嚴重，腹部不斷變大，同時背部會抽痛且腳部浮腫，小便的次數變多，小便後還會有餘尿感，全身都覺得很不舒服，且不安、擔憂、厭煩、期待等情緒都交織在一起，變得神經質是很自然的。

- 膀胱被壓迫到，上廁所的次數增加。
- 陰道分泌物的顏色變深並伴隨更多黏液。
- 無法舒服地睡覺，這時側躺，並把枕頭或坐墊夾在兩腿之間，就會舒服一點。

- 隨著胎兒進入骨盆內，準媽咪受到的壓迫就會減少，腸胃功能和呼吸都會比較順暢。
- 出現頭痛、頭昏等症狀，不舒服感加劇。

寶寶的樣子

胎兒的成長很快，已經接近新生兒的體型

在這個月，胎兒的頭部大體上已朝向下方，定位在生產時的正常胎位上。透過超音波可以感覺到胎兒表情的變化，有時像是在微笑，有時又像在生氣。

懷孕**9**個月

〔身高〕**40～43cm**
〔體重〕**1.5～1.8kg**

 寶寶現在是這個樣子

懷孕33週

體型胖嘟嘟的很可愛
- 皮下脂肪增加，膚色變得粉嫩粉嫩的。
- 皮下脂肪能供應出生後所需的能量，以及調節體溫。

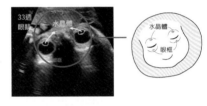

33週
眼睛　水晶體

水晶體
眼眶

懷孕34週

可以看到胎兒的表情
- 內臟已經發育完全，荷爾蒙的內分泌腺已基本發育完成。
- 大部分的胎毛已經消失。

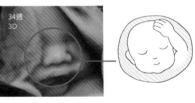

34週
3D

懷孕35週

皮膚保護物質胎脂會變得更加厚實
- 肺部以外的所有內臟機能幾乎完全成熟。
- 生殖器官已經完全形成。
- 腳趾形成。

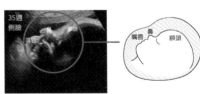

35週
側臉

嘴唇　鼻
　　額頭

懷孕36週

內臟機能達到協調
- 頭部漸漸進入媽媽的骨盆。
- 肌肉已經相當發達。
- 透過胎盤可以完整吸收到來自母體的疾病免疫物質。
- 在這時出生，以胎兒的健康程度也能好好地活下來。

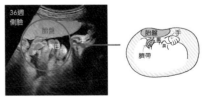

36週
側臉

胎盤

胎盤　手
臍帶

初期 1 Month 1~4週

初期 2 Month 5~8週

初期 3 Month 9~12週

初期 4 Month 13~16週

後期 8 Month 28~32週

後期 9 Month 33~36週

後期 10 Month 37~40週

147

33-36週 完成生產的準備工作
測量寶寶體重&檢查&需注意的症狀

離寶寶的出生越來越近，準媽咪要再次進行子宮頸抹片與
貧血檢查等，每一項都很重要。

外觀幾乎和新生兒一樣

　　肺的機能成熟度增加，成為幾乎可以在媽媽身體以外生活的狀態。寶寶的外觀看起來已經和新生兒沒什麼不同了。手腳雖然會活潑地動來動去，但身體大到無法在子宮內旋轉的程度。皺紋或細毛逐漸褪去消失。皮膚變成有光澤的粉紅色。頭髮變長，指甲也長到手指的尖端了。從32週起，自律神經成熟，能取得交感神經和副交感神經的平衡，心跳或呼吸、體溫調節的機能逐漸健全了。但是，

因為還不完全，所以要在肚子裡再待一會兒，產後才能順利的過母體外的生活。一到35週，肺和腎臟的機能完成，進入到就算隨時生出來都沒關係的狀態。

預估胎兒體重的 3 個數值

　　因為無法直接測量體重，所以把超音波的BPD、FL、FTA測定值帶入計算公式中來測量，用這種方式計算出來的結果，我們稱為「預估體重」，但和實際的體重還是會有些微誤差。

BPD（頭骨橫徑）

從正上方看頭部，左右最突出去的部分連在一起的長度。頭雙頂骨徑，是測量胎兒大小的指標，也可以用來測量懷孕週數，或者評估是否有異常的地方。從 13 週時開始測量。在懷孕 35 週時人約會是 8.5 ㎝。

FL（大腿骨長度）

指的是大腿的長度。跟頭雙頂骨徑一樣，可以用來估計胎兒的大小、週數，以及四肢骨頭發育。從 21 週時開始測量，配合 BPD 和 FTA 等，用來測量預估體重。在 35 週時大約 6.5 ㎝。

FTA（腹部橫斷面積）

在胎兒肚臍的位置橫切面的橢圓形斷面積的數值。利用來計算胎兒的預估體重。把 TTD 腹部橫徑和 APTD 腹部前後徑（參照 P.48）的數值帶入計算公式算出來。

需要進行的檢查

貧血檢查

由於懷孕後的血量會比懷孕前增加1.5倍左右，所以準媽咪的心臟負擔會變大，且在懷孕中後期有可能會出現貧血。因此，這個月要再做一次貧血檢查，也要接受血色素和紅血球容積的檢查。

超音波

確定胎兒是臀位（臀部朝下）還是正常胎位（頭部朝下），瞭解胎兒的大小和羊水量、預產期、胎兒的呼吸運動等，掌握胎兒的健康狀態。

子宮頸抹片檢查

可診斷出是否有念珠菌感染或滴蟲感染等陰道感染，若檢查結果有異，準媽咪可以選擇接受治療，或是選擇剖腹生產。

其他檢查

由於血量急遽增加，稍不注意就可能加重心臟負擔。當準媽咪嚴重呼吸急促時，請接受心電圖檢查。

- - - - - - - - - - - - - - - - - - - -
• 生產時需要的東西可能會比想像得多很多，但無論如何，請為即將到來的生產以及產後生活做好充足的準備。

☑ 消化不良時可改為少量多餐。

☑ 準備好生產要用的物品，做好居家大掃除等準備工作。

☑ 不要勉強做運動或去旅遊，這些都可能導致早產。

☑ 和先生一起練習腹式呼吸或輔助動作等生產課程。

☑ 進行剖腹生產的準媽咪要先決定好手術日期。

胎盤和羊水的問題

前置胎盤

前置胎盤就是胎盤擋住子宮口的狀態。一般胎盤會在子宮的上方，但也有長在擋住子宮口的位置，這就是前置胎盤。能診斷出來是在27週的時候。前置胎盤的問題是，子宮收縮的時候，胎盤和子宮壁之間容易拉扯，即使不會痛，也有會突然發生大出血的情況。低位胎盤就是靠近子宮頸口，沒有前置胎盤那麼危險，不過還是要看位置有多低，距離子宮頸口大概1.5公分以上，還可以自然產，如果太靠近的話，小於1.5公分，有大出血之虞還是會建議剖腹產比較安全。

初期 0 Month
初期 1 Month 1~4週
初期 2 Month 5~8週
初期 3 Month 9~12週
初期 4 Month 13~16週
後期 8 Month 28~32週
後期 9 Month 33~36週
後期 10 Month 37~40週

前置胎盤有下面這幾種：

- **完全性前置胎盤**：胎盤長在完全蓋住子宮口的位置的狀態，要用剖腹生產。
- **部分性前置胎盤**：胎盤長在蓋住部分子宮口的位置的狀態。
- **邊緣性前置胎盤**：胎邊的邊緣稍微觸及子宮口的狀態。如果靠近子宮口，但沒有碰到子宮口，就是「低位性前置胎盤」。

羊水過多或過少

羊水過多

羊水在懷孕後期約有200～600ml，如果到800ml以上，就是羊水過多症。原因是胎兒沒有喝羊水的能力、消化道發生異常、製造羊水的胎盤異常等。但羊水的量會因人而異。

羊水過少

羊水在懷孕後期在100ml以下就是羊水過少症。原因是原本羊水就很少、排出羊水的胎兒的腎臟出問題等，擔心有胎兒假死的可能，但羊水過少的情形非常罕見。

還有就是有一些媽媽有妊娠糖尿病，胎兒的腸胃道或腎臟有問題的，那些都可能會造成羊水過少，要請醫師詳細的評估胎兒狀況，必要時要提早催生、剖腹引產。

胎盤早期剝離

胎盤是黏在子宮壁上，胎盤裡面有很多血管跟子宮交叉，寶寶經由胎盤吸收營養，通常胎盤在寶寶出生以後，才會從子宮壁剝離。但是，如果因子癇前症和子癇症而使得胎盤的機能降低，突然間陣痛，或是腹部受到重擊，甚至有些人突然血壓變高，受到細菌或病毒感染，胎盤一剝離寶寶就過去了，在懷孕期間或生產時，可能會出現胎盤比寶寶先剝離的情形，這就是常位胎盤早期剝離。

一旦胎盤剝離，寶寶會吸收不到營養，所以可能剝離不到10分鐘，寶寶就沒了心跳，但還是要看剝離的程度。而媽媽會有的自覺症狀就是肚子痛，一旦出現胎盤剝離又沒有出血的情況，就要馬上剖腹把寶寶抱出來。之前，我們就遇到胎盤剝離的產婦，還好寶寶有救回來。

因為胎盤剝離真的很危險，準媽咪如果有肚痛、不正常出血時，要立即就醫，除了胎盤早期剝離外，還有生產後30分鐘內胎盤不剝離的，就叫胎盤滯留。

早期破水（PROM）

按照正常程序，生產時如果是足月，會先出現陣痛，然後子宮頸開始變化、落紅，等子宮頸開到一定程度再破水，羊膜破後寶寶就會出來，所以正常來說應該是先陣痛、再落紅、再破水後生產。但是有些產婦順序不是這樣，先早期破水，也就是先破水，有些人甚至都還沒痛就破水了，破水後才開始陣痛，再開始落紅，這就叫做早期破水。

如果是在37週以前，就叫早產早

期破水，簡稱PPROM，發生機率約為2%～6%。

早期破水比較擔心陰道會有細菌性的感染，為避免感染就要加速產程，一般來講會建議到醫院儘快引產。

我們醫院是子宮頸開3公分就會收入院，也就是開一指半，有些醫院是子宮頸開兩指寬才會收入院，所以說五指全開，就10公分，破水就怕感染，所以會進行催生，用打針或塞藥的方式讓子宮頸軟化，必要的時候還要施打抗生素來處理，所以有早期破水就要趕快來醫院。

至於為什麼會早期破水？原因很多，可能因素包括本身有子宮頸閉鎖不全、前置胎盤、胎盤早期剝離，或是羊水過多、胎位不正、胎兒有先天性異常、多胞胎等等。

心悸、氣喘

一進入懷孕後期，因為子宮變大到會把心臟或肺往上推擠，所以為了讓寶寶發育成長，血液量會增加，就會帶給心臟負擔，容易感到心悸或氣喘。如果經過靜養休息情況就會和緩，那就不必太過擔心。因為產後通常都會痊癒，所以懷孕期間請放慢動作吧。

手腳水腫

如果連早上起床時都出現水腫時就要特別注意。懷孕期間因為下半身的血管被子宮壓迫到導致血流停滯，就變得容易水腫。另外，血液量增加，變得水水的，也是水腫的原因。如果是傍晚或夜晚水腫，到了早上就好了，那就不必擔心，但是如果早上還是水腫就要擔心有子癲前症的全身性水腫，要特別注意。

其他

分泌物增加

快生產時，分泌物的量會比懷孕初期多，因為肚子整個往下壓，讓產道感覺到我要準備生產了。生產方式是產道要讓寶寶滑下來，所以為了要降低摩擦阻力，它的分泌物會變多，我們叫做醣蛋白。只要保持清潔，並穿著透氣性佳的內褲即可。但如果分泌物的顏色是黃色、混合著白色的渣還發出臭味，就有念珠菌陰道炎或滴蟲陰道炎等的疑慮，在生產前有治療的必要。

初期
0
Month

初期
1
Month
1~4週

初期
2
Month
5~8週

初期
3
Month
9~12週

初期
4
Month
13~16週

後期
8
Month
29~32週

後期
9
Month
33~36週

後期
10
Month
37~40週

頻尿、漏尿

因為膀胱被子宮壓迫到，上廁所會變得頻尿，有時就連打噴嚏也會漏尿。因為是生理性的變化，產後會不藥而癒。只要勤快上廁所或是睡前控制水分的攝取。但如果出現排尿時疼痛、有殘尿感、尿裡混合著血就有膀胱炎的疑慮，所以請向醫師諮詢。

林醫生真心話

分泌物跟一般破水不一樣，破水有點像尿失禁，分泌物中的醣蛋白則是黏黏的，我們會用石蕊試紙去驗，一般我們正常陰道分泌物屬於弱酸性，羊水屬於弱鹼性，因為石蕊試紙本身是弱酸性的，碰到分泌物時，如果測試結果是弱鹼性時，就表示是羊水。

去除水腫，中醫的茶飲、食療、穴道按摩方法

懷孕後，肢體面目發生腫脹者，稱「妊娠腫脹」。因腫脹部位及程度之不同，古人又有子滿、子氣、子腫、皺腳、脆腳等名稱。

要特別區分的是生理性水腫，這是因為進入懷孕後期，大約7～8月後，隨著腹部脹大，壓迫腹腔裡面的血管造成下半身血液回流較差，產生下肢水腫，這種水腫在生產之後大多會自動消失。

病理性水腫產生的原因，主要是脾腎陽虛所致。多因體陽虛，妊娠期開，陰血聚以養胎，有礙腎陽溫化，脾陽失運，以致水濕泛濫，因而腫脹。此外，胎氣壅塞，氣機阻滯，水濕不化，也會造成腫脹。所以臨床常見的有脾虛、腎虛、氣滯。

1. 脾虛

原因	脾主肌肉、四肢，若脾陽不運，水濕停聚，浸漬四肢肌肉，就會面目四肢均浮腫。脾虛中陽不振，所以胸悶氣短，不想說話。脾陽運化失司，所以口淡無味，大便溏薄。水聚皮下，則皮薄而光亮。
症狀	懷孕數月，面目四肢浮腫，甚至嚴重至全身都腫，膚色淡黃或恍白，皮薄而光亮。胸悶氣短，不想說話，口淡無味，食欲不振，大便稀或水狀。

2. 腎虛

原因	腎陽不足，上不能溫煦脾陽，下不能溫暖膀胱，則脾失健運，膀胱氣化不行，水道難以制約，泛溢肌膚，所以面浮肢腫。陽虛不能外達，所以下肢逆冷，水氣凌心，導致心悸氣短。腰為腎府，腎虛則腰痠無力。
症狀	懷孕數月，面浮肢腫，下肢尤甚，按下去有手指痕印，心悸氣短，下肢逆冷，腰痠無力。

3. 氣滯

原因	氣機鬱滯，升降失司，清陽不生，濁陰下滯，所以先由腳腫，漸及於腿。這是因為氣滯而非水停，故皮色不變，隨按隨起。清陽不升，濁陰向上，導致頭暈脹痛。氣滯不宣，所以胸悶脅脹。
症狀	懷孕三、四月後，先由腳腫，漸及於腿，皮色不變，隨按隨起，頭暈脹痛，胸悶脅肋脹，吃得少。

透過茶飲來舒緩水腫

豆子水

適用範圍：脾虛及腎虛水腫

食材＆作法：準備各半杯的黑豆及紅豆，紅棗約5顆，將清洗過的雙豆浸泡於1500c.c.溫熱水中，約浸泡15～20分鐘，浸泡完後加入紅棗以小火再煮15～20分鐘。不需要將豆子煮到爛，因為只要喝湯不吃豆！

功效：

紅豆具有健脾益胃、利尿消腫，可治療小便不利、健脾止瀉、脾虛水腫，改善腳氣浮腫等功效，此外紅豆富含鐵質能使人氣色紅潤。紅棗亦具有補中、益氣、健脾作用。

黑豆具有補腎益精和潤膚烏髮的作用，中醫認為黑豆色黑入腎，能利水、驅風、解毒，可治水腫、腳氣、浮腫等症狀。

但因為黑豆和紅豆食用過多會造成脹氣，所以喝湯不吃豆。

透過食療來舒緩水腫

紅豆燉鯉魚

適用範圍：脾虛型水腫

食材＆作法：鯉魚一尾（不可使用其他魚類替代）、紅豆30克、白果15克、薑絲、蔥段各10克。將紅豆泡水8小時，紅豆煮成紅豆湯後，再將鯉魚、白果、薑絲、蔥段加入燉煮至熟，最後加入少許鹽調味即完成。

功效：

具有健脾行水安胎作用。其中鯉魚肉味甘、性平，有下水氣、利尿消腫功效，含有豐富鈣、磷，刺少肉多，和脾養肺、平肝補血之作用。

陳皮冬瓜湯

適用範圍：氣滯型水腫

食材＆作法：陳皮三錢、香附三錢、去皮冬瓜塊10塊、薑絲10克。將食材及藥材放入鍋內煮熟，加少許鹽巴調味。

功效：具有理氣行水作用。

透過相關穴道按摩來舒緩水腫

可按摩穴位：陰陵泉、足三里、復溜

功效：陰陵泉隸屬於足太陰脾經，具有排滲脾濕、消水腫作用，搭配具有調理脾胃、補中益氣的足三里穴道，及隸屬於足少陰腎經，具有補腎益氣作用的復溜穴，更加強消水腫之作用。

初期 0 Month
初期 1 Month 1~4週
初期 2 Month 5~8週
初期 3 Month 9~12週
初期 4 Month 13~16週
後期 8 Month 28~32週
後期 9 Month 33~36週
後期 10 Month 37~40週

33-36週 住院用品先備齊放入包包之後，隨時都能帶出門

準備媽媽待產包&新生兒必需品

待產的行李中要篩選出馬上要用到的東西，
以及生產後立刻就會用到的物品，先整理好會安心許多！

避免生產當日忘東忘西，事先把東西打包好才安心

　　為了避免生產當日慌慌張張的，差不多是時候該把住院、生產用品準備好了。住院用品先備齊放入包包之後，隨時都能帶出門，就比較安心。也考量到可能是自己單獨到院，行李中要篩選出馬上要用到的東西，並且是能拿得動的量。其他的東西，以及生產之後馬上要用的必要物品，可以先整理好，交給另一半保管。另外，生產用品之中，有很多都是產後再準備也來得及的東西，所以只要先備好最低限度的物品即可。

也請準備讓生產期間舒適的用品

　　一般來說，第一次生產的媽媽大約要花12～13個小時，如果是生第二胎大約要花5～6個小時。自然產大約要住院3～4天，如果是剖腹生產，大約是5～6天的時間。如果能準備在這段期間可以舒服度過的用品，再好不過了。

　　因為有些東西產科院所會先幫忙準備，所以請事先確認吧。

——檢查這些東西帶了沒有？

- ☑ 孕婦健康手冊
- ☑ 掛號證
- ☑ 健保卡
- ☑ 印章
- ☑ 出院時必要的物品
- ☑ 寶寶的肚衣和衣服
- ☑ 尿布
- ☑ 媽媽出院用的衣服
- ☑ 包巾
- ☑ 貼身衣物、惡露用衛生棉
- ☑ 準備洗臉用品或化粧品、毛巾、拖鞋
- ☑ 授乳用胸罩、腹帶

聰明選購新生兒用品

　　隨著預產期逼進，媽媽也跟著忙碌起來——應該給初次來到這個世界的孩子準備些什麼呢？該準備多少呢？下面就來瞧瞧，如何做一位精打細算的新手媽咪吧。

能幫助授乳的便利工具

- 吸乳器

  能溫柔地按摩儲存乳汁的乳腺囊部位，有效地讓乳汁流出來。由於幾乎不會有疼痛感，是媽媽消除乳腺炎和增加乳汁量的必備用品。

- 防溢乳墊

  當母乳突然流出時，防溢乳墊能有效阻止乳汁外流。由於背面附有貼紙，所以使用後幾乎不會有不舒服的感覺，且其溫柔的觸感能帶給乳房安全感。

- 奶瓶加熱器

  加熱儲存下來的母乳時，幾乎不會破壞母乳的營養成分，非常方便。對於哺育母乳的職業媽媽來說，這個產品可說是十分必要。

- 餵奶墊

  剛生產完沒多久的媽媽，在身體還需要調理下進行哺乳，並不是那麼容易，而有助於哺乳的用品就是餵奶墊了。餵奶墊能維持媽媽和寶寶間舒適且正確的姿勢。

- 乳頭保護器

  授乳的媽媽會有乳頭分裂或乳頭痛的情況，而乳頭保護器即是為了解救這種困擾的工具。乳頭保護器能溫柔地保護乳頭，針對凹陷乳頭的媽媽，也能拿來代替乳頭。

購買新生兒用品訣竅

新生兒用品準備，是指備齊胎兒出生後3個月內所需要的用品，和3個月後要用到的嬰幼兒用品不同，所以3個月後需要用的嬰幼兒用品那時再購買就可以了。

準備新生兒衣物時要注意季節性。秋天的溫度變化大，最好先買個睡袋或厚包巾，這樣即使溫度下降也能保持溫度。到冬天時，還是要包上嬰兒包巾，而且要選擇厚一點的質料；有開暖氣的室內，由於空氣會變得乾燥，建議可以買個加濕器。

建議多去諮詢已經是媽媽的朋友或身旁親友，然後再一次確認需要購買的東西有哪些。等確認後，把物品分為：衣類用品、授乳用品、寢具用品、護理用品，依這4大類再來訂定清單。至於寶寶出生後可能會收到許多禮物，其中又以衣物最多，可以考慮是否要花大錢購買，如衣服、襪子或鞋子等，只需要準備一些就可以。有些物品因為使用期不長，可以考慮改用傳承下來或已有的東西替代，例如：吸乳器、寶寶衣物或寢具等。

初期 0 Month

初期 1 Month 1~4週

初期 2 Month 5~8週

初期 3 Month 8~12週

初期 4 Month 13~16週

後期 8 Month 28~32週

後期 9 Month 33~36週

後期 10 Month 37~40週

新生兒用品選購清單

★必須用品　　●建議要有的用品　　▲可被取代的用品

分類	品名	用途 & 使用時期	數量
衣類用品	★ 紗布（棉質）肚衣	出生後 2 個月為止	4～5 件
	● 嬰兒連身衣	出生後 3 個月為止	2 件
	★ 紙尿布	出生後到不需要為止	20～30 個
	★ 尿布褲	使用布尿布時包在外頭	2～3 件
	● 手套、襪子	出生後 3 個月為止（冬天外出時也需要）	每種 2 套
	● 圍兜	流口水、餵離乳食時	3～4 件
	● 帽子	外出時	1～2 個
授乳用品	★ 奶瓶（小）	出生後 3～4 個月為止	2～3 個
	★ 奶瓶（大）	出生滿 3 個月後到 24 個月為止	6 個
	★ 奶瓶用奶嘴	出生後 24 個月為止	多過奶瓶
	★ 奶粉盒	出生後 24 個月為止（外出時的散裝型）	1 組
	▲ 消毒器具	出生後 24 個月為止	1 個
	● 奶瓶刷	洗奶瓶時	1 個
	● 奶嘴刷	清洗奶嘴時	1 個
	★ 吸乳器	哺育母乳時	1 個
	▲ 哺乳內衣	哺育母乳時	2～3 件
	● 奶嘴	寶寶吸吮手指或哭鬧時	1～2 個
	● 奶瓶洗滌劑	無法用熱水消毒時	1 個
	★ 床褥、被子	直至床褥、被子不夠大了為止	1 床

寢具用品	▲ 嬰兒包巾	新生兒～出生後 2 個月	1 條
	▲ 厚包巾	新生兒～出生後 2 個月（較厚，也可用被子）	1 條
	▲ 嬰兒睡袋	出生至 2 個月為止（外出時）	1 個
	▲ 毛毯	出生至 24 個月為止（也可用被子）	1 條
	● 包被	滿月外出時使用	1 條
	★ 紗布手帕	出生後開始使用	10 條以上
	★ 毛巾／浴巾	到長大為止（簡單遮蓋時）	1 條
護理用品	● 嬰兒爽身粉	出生後開始使用（防止痱子或皮膚潰爛）	1 盒
	● 爽身粉盒	裝嬰兒爽身粉或外出時	1 盒
	★ 嬰兒香皂	開始洗澡時	1 個
	▲ 嬰兒洗髮精	開始沐浴時	1 瓶
	★ 嬰兒爽膚水	沐浴後保護皮膚時	1 瓶
	● 嬰兒護膚油	沐浴後保濕、測肛溫時	1 瓶
	▲ 浴盆	出生後開始使用	1 個
	● 浴網	在浴盆沐浴時	1 個
	● 防濕墊	出生後 12 個月為止，洗澡時用	1 張
	▲ 沐浴球	沐浴時起泡用	1～2 張
	★ 柔濕巾	換尿布、外出時	1～2 盒
	★ 棉花棒	沐浴後清潔耳朵、鼻塞時	1 盒
	★ 體溫計	疼痛或發燒時	1 支

後期 8 Month 29~32週

後期 9 Month 33~36週

後期 10 Month 37~40週

懷孕10個月的大小事

這個月出生的都是足月寶寶，實際生產的日子一般是在預產期的前後2週，所以這個月起，應該充分休息，並做好生產的準備。

媽媽的身體

媽咪請儲備好體力，迎接新生命

寶寶在肚子裡來到第10個月了，這時候就準備要生產了，因為子宮變大之後就會開始收縮並且下降，寶寶的頭往下，分泌物會變多，這時候會有肚子明顯下降這樣的感覺，胃也會發現比較輕鬆了，然後開始出現規律性的陣痛、破水、落紅這些狀況，落紅不是出血喔，是因為子宮頸的擴張導致旁邊的微血管破裂，合併一些黏液跑出來，跟出血不一樣，有些人不會區分，這跟前置胎盤那種大出血不一樣，所以還是建議來醫院檢查一下。

肚皮撐得很緊、心跳變得更快，血液從血管流出的速度比一般人快，臨近預產期時，腹部疼痛的症狀會變得頻繁。

若是自然生產的媽媽恢復速度很快，甚至可以走路回病房，住院也只需2～3天。但剖腹產的媽媽要活動

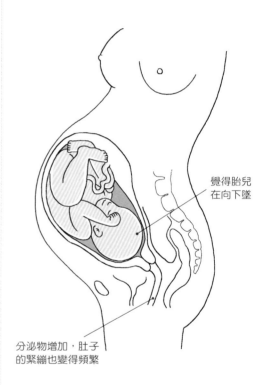

覺得胎兒在向下墜

分泌物增加，肚子的緊繃也變得頻繁

身體就比較困難，直到排氣前都要禁食，但是可以躺著餵奶。

- 子宮仍然壓迫膀胱，還是有頻尿現象。
- 大部分胎兒的頭部都朝下到正常胎位。
- 由於胎兒的頭部進入了媽媽的骨盆，所以胎動變少。

- 做為生產的準備，子宮會往下降
- 規律性的子宮收縮或破水，是生產的開始
- 排尿的次數增加

寶寶的樣子

胎兒的頭部大致朝向下方
從超音波可以看到表情變化

懷孕 **10** 個月

〔身高〕**50cm**
〔體重〕**3～3.4kg**

　　胎兒的成長很快，已經接近新生兒的體型。在這個月，胎兒的頭部大體上已朝向下方，定位在生產時的正常胎位上。透過超音波可以感覺到胎兒表情的變化。

 寶寶現在是這個樣子

 懷孕 **37** 週

整個身體塞滿了子宮

- 心臟、呼吸、消化器官等都已經形成。
- 整個身體填滿了子宮，縮著背部，且手腳都向前靠近。
- 胎毛幾乎脫落。
- 肩膀和手臂等有皺紋的部位只剩下一點點皺紋而已。

 懷孕 **38** 週

頭髮長長了不少

- 手指甲變長，為了適應出生後的生活，開始儲存酵素和荷爾蒙。
- 把耳朵放在媽媽肚子上，可以聽到胎兒的心跳聲。

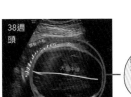

 懷孕 **39** 週

對聲音、味道、光線、碰觸有反應

- 皮膚開始有光澤且粉嫩粉嫩的。
- 胎脂變少。
- 對聲音、味道、光線、碰觸有反應，對所有刺激都能產生相對的反射。
- 大腸裡充滿了近黑色的胎便。

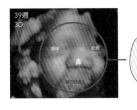

 懷孕 **40** 週

出生瞬間，就是用肺部呼吸的開始

- 心臟的機能在這週轉換到可以在胎盤外生活的狀態。
- 一出生就能吸吮母乳是胎兒的本能反應。
- 會用哭聲告訴大家自己出生了。

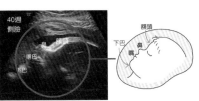

練習呼吸法&生產的問題

能幫助克服生產這個難關最大的力量，就是媽媽「想看到寶寶」的積極的心情。滿9個月之後，請開始做克服陣痛的練習吧。

將和懷孕生活告別，和寶寶見面的日子即將到來

即使是初產，只要先學習生產的知識，就不會有太大的不安感，會對生產充滿期待。因此，進入9個月之後，請開始做克服陣痛的輔助動作的練習。

輔助動作的目的，是要舒緩為了忍受疼痛而引起的緊張，讓自己放輕鬆。如果很用力的話，馬上就會很累，但如果放鬆肩膀的力量，就不容易感覺累。為了克服長時間的生產，高明地放輕鬆，儘量減輕身心的負擔，就是祕訣。

幫助減輕陣痛的呼吸方法

腹式呼吸 陣痛很輕時的呼吸。把膝蓋立起，仰躺，雙手貼著肚子，慢慢地深深吸氣、吐氣。

胸式呼吸 用腹式變得很吃力的時候，就換成胸式呼吸。仰躺，膝蓋立起，雙手貼在胸上，慢慢地呼吸。

可能面臨的難產

沒辦法自然生產的情況下我們都會稱做難產，例如說產程遲滯，一直沒辦法生下來，或是有胎位不正也叫難產，因為寶寶的腳先下來，就要剖腹產。目前一般人認為的難產就是生不下來，或是在生的過程中寶寶有什麼變化，而在醫學上的難產是指高危險妊娠，有子癲前症，或是特殊情況，這不太一樣。一般人腦海裡面的難產可能是我今天要自然產，可是我

在待產的過程中發生一些狀況，這種狀況可能需要馬上緊急處理。

旋轉異常

一般自然生產（枕前位）的話，頭要向下，我們叫OA位，假如說今天你是OP位（枕後位），生產的時候就會比較困難一點。

微弱陣痛

微弱陣痛也是在陣痛，但是陣痛強度沒有達到有效收縮，也就是說我

們覺得陣痛不夠強，這時我們就會幫媽媽施打一些催產素，一些加強子宮收縮的藥物來幫助她把產程減短，假如子宮頸開三公分了，但是你就是不怎麼痛，這樣可能會待產很久，可能到一兩天，我們就會幫你加強子宮收縮的藥，這樣產程會進行得比較快。

過期妊娠

過期妊娠就是過了41週以上才生產，偶爾還是會遇到過期妊娠的情況，我們就會建議要催生，因為過了40週之後，胎盤會鈣化，胎盤鈣化以後寶寶容易吸收不到養分，會造成危險，所以並不是「等越久領越多」，寶寶該出來就要出來，因為胎盤通常都會跟寶寶一起配合，寶寶出來，胎盤就會跟著掉出來。

胎頭骨盆不對稱

傳說中的大頭寶寶，現在都用超音波來看，是指寶寶頭徑大於10公分以上，頭圍超過36公分。

胎兒窘迫

胎兒窘迫，當寶寶在待產的過程中，或是子宮環境不好的時候，受到壓迫，那時候心跳會變得比較慢，或者會有呈現心跳低於每分鐘110下，甚至只有70、80下，就稱為胎兒窘迫。

這屬於婦產科的急診，表示寶寶是屬於比較危險的狀態，要馬上緊急處置，或是馬上要剖腹產把寶寶抱出來，因為胎兒心跳比成人快，正常是每分鐘110到150下。懷孕初期可能150、160下，後來變成130、140下，產前會到100到130下。

產後大出血

我們叫PPH，因為子宮收縮不良造成的產後大出血，我們就要用加強收縮的藥，輸血給媽媽，甚至有些必須緊急拿掉子宮。

產鉗生產、吸引生產

產鉗生產就是用夾的，把寶寶夾出來，英國比較傾向用產鉗生產方式，我們台灣通常都是用吸引生產，利用器具把寶寶吸出來。

嗨！

初期 0 Month

初期 1 Month 1~4週

初期 2 Month 5~8週

初期 3 Month 9~12週

初期 4 Month 13~16週

後期 8 Month 29~32週

後期 9 Month 33~36週

後期 10 Month 37~40週

生產倒數30日的日常生活表

為了順利的生產，可藉由日常生活表，充分瞭解生產前一個月準媽咪和胎兒的種種變化。

D-30 利用預產前一個月的時間，找好生產醫院、生產後坐月子的地方，提前接受檢查。

D-29 可能會有意外的生產訊號，要隨時準備好住院物品，並檢查嬰兒用品準備是否齊全。

D-28 跟老公一起練習生產呼吸法，有空要多多充實養育嬰兒的種種知識。

D-27 提前決定生產方法，如果是選擇剖腹產，跟醫生商討後，比預產期提前訂好生產日子。

D-26 定期接受檢查，有疑問或者有特殊事項，可以先自己記錄下來，方便之後與醫生討論，順便確認預產日。

D-25 原本胎兒非常頂胃，但是胎兒下移後就方便進食了。生產時非常需要體力，所以要均衡吸取營養。

D-24 離預產期越近對生產恐懼心越強。孕媽媽緊張，胎兒會受影響，所以請用積極的態度去面對。

D-23 提前告訴老公：生活必需品的存放處、平常使用的聯繫電話，即使產婦住院，也有另一個人解決家務。

D-22 提前學習關於生產的幾種方法，也可以到產檢醫院打電話諮詢。

D-21 也可能在意料之外的時間出現生產信號，所以外出必須隨身攜帶媽媽手冊，以及避免安排多日或長途旅行。

D-20 提前準備好住院物品，陣痛時隨時可以去醫院。

D-19 定期去醫院檢查，再次透過超音波了解胎兒的位置和姿勢、胎盤的位置，並確認羊水量。

D-18 睡覺腿抽筋時可以利用按摩把成團的肌肉放鬆，讓血液循環更順暢。

D-17 準備嬰兒歌曲，準備攝像機和照相機，可以記載寶寶出生的第一瞬間，孕期開始到現在為止照的彩照也按順序整理好。

D-16 經常肚子成團或者繃緊。這是離生產不遠的信號，請不要緊張，不要因為辛苦就總是躺著，出門散散步，做簡單的運動更能緩解不安的心情。

D-15 查看是否把新生兒的被子洗乾淨，把嬰兒房整理乾淨，準備乾淨的環境迎接新生兒。

D-14 產婦住院期間家人要把新生兒穿的衣服整理出來，把電冰箱清理乾淨，心情也會變輕鬆。

D-13 假如這是第二胎，跟老大講清楚媽媽去哪裡生產，為何必須跟媽媽分開一段時間生活等，減輕孩子的衝擊。

D-12 接受定期檢查的時候，確認胎兒的情況，詢問醫生順產需要的準備。

D-11 離預產期越近，便秘會加重。可能會出現痔瘡。分泌物會增加，注意勤換內褲，經常淋浴保持清潔。

D-10 積極的做日常散步，散步對胎兒的下移和順產都有很好的幫助。

D-09 生產時為了順產要用力，需要增強體力，多吃高蛋白食物。但是要注意過量會發胖。

D-08 假如發現肚子繃緊，確認是否陣痛，要準確的記好時間。

D-07 確認出現惡露或者流少量的羊水等，警惕生產信號。

D-06 最後一次產檢日，最終確認孕婦和胎兒是否健康，並且詳細瞭解快生產時要怎麼準備。

D-05 過度的緊張和不安對胎兒有影響，所以準媽咪可以看繪本或者聽親子音樂，把心安定下來。

D-04 陣痛開始後請不要驚慌，以平靜的心態準備。重新檢查住院物品，最終再檢查一遍。

D-03 有惡露並不代表胎兒馬上出生，有可能 2~3 天後才開始生產，請耐心等待。

D-02 肚子出現規則的緊繃，看好準確的時間，陣痛間隔以第一胎約 10 分種，第二胎約 15～30 分鐘，開始陣痛再去醫院即可。

D-01 預產期終於到了，過了預產期也沒有生產的信號時，必須找醫生商討對策，超出預產期時採用誘導生產。

初期 **0** Month

初期 **1** Month 1~4週

初期 **2** Month 5~8週

初期 **3** Month 9~12週

初期 **4** Month 13~16週

後期 **8** Month 28~32週

後期 **9** Month 33~36週

後期 **10** Month 37~40週

PART 5

產兆＆生產方式
完整解析

準媽咪平安順產必學的關鍵知識

到了孕期最後一個月，生產的恐懼便會隨之而來。
陣痛何時出現？有哪些舒緩陣痛的方法？
讓我們一起來瞭解生產時會有的徵兆與生產的方式吧！

生產預備 進入生產的倒數時刻

準媽咪必知的產兆&減痛方法

瞭解整個生產過程，就能減少心裡的恐懼。讓我們一起來瞭解
生產時會有的徵兆與生產的方式吧！

容易造成混淆或錯誤的觀念

是假性陣痛？還是真陣痛？

「假性陣痛」的次數和時間都不規律，有時甚至只要身體換一個姿勢，疼痛就會停止。此外，像是子宮持續一定的收縮強度、收縮的間隔時間不規則、腹部比腰部更痛，都屬於假性陣痛。而最好的因應對策，就是多休息、配合陣痛來臨時做深呼吸來減緩疼痛感。

當真的陣痛來臨時，大約每3～10分鐘就會痛一次，非常規律，而且每一次的收縮，會持續20秒以上，一旦這種現象持續超過1小時，最好趕快到醫院，讓醫師或護理師來協助分辨是不是即將生產。

要多吃點，才有力氣生產？

有些人說開始出現陣痛時，應該忍著痛吃完飯再去醫院，但是因為一到醫院就要灌腸，因此用處不大。所以陣痛出現時，最好以空腹的狀態到醫院。

此外，要接受剖腹產手術時，產婦應該在手術的前一天開始禁食。因為麻醉後在毫無意識的狀態下，胃裡面的食物如果通過氣管到達肺裏，有可能會引起吸入性肺炎。

生產前的身體變化有哪些？

當生產開始時，身體都會出現哪些信號呢？以下就讓我們一起來瞭解臨近生產時，身體會出現哪些徵兆？

Q 破水和漏尿該如何區別？

A 破水是指在陣痛出現之前，羊水先破裂。到了孕期的最後一個月，只要稍微一使勁，就會出現小便，所以許多產婦經常會將破水和漏尿相互混淆。
破水的症狀也會因人而異，有些人只是內褲稍微濕了一點，但有些人也會如流水般嘩嘩冒出。所以臨近預產期時，出現想小便的感覺，又懷疑是破水的話，最好能及時到醫院確認。

胎兒朝骨盆方向下降

原本位於媽媽肚臍周圍的胎兒慢慢地朝下方下降，進入骨盆內。初次生產的媽媽大概會在生產前2～3週出現這種狀況，不是第一次生產的媽媽則會在生產開始時出現這種狀況，但有些人即便到生產也不會出現這種狀況，因人而異。

產婦可以感覺到腹部朝下方下沉。胎兒的活動，如果出現壓迫感，可以按壓胸口和胃，緩和這種感覺，讓呼吸變得更順暢，並且可以增加食欲。

腹部結成一團，出現假陣痛

隨著預產期的臨近，有些產婦會出現如經痛般的下腹被捏的感覺，或者會感覺到如被拉扯般的疼痛感，背部和腰部也會出現輕微的疼痛。敏感的產婦，即使受到微小的刺激，也會出現子宮收縮的症狀。這些都被稱為

假性陣痛，在生產前4~6週，產婦便能感覺到子宮的肌肉變硬。子宮會出現不規則的收縮，時間並不會持續很長，痛症也不會嚴重。有生產經驗的媽媽與新手媽媽相比，更會感覺到這種狀況。假性陣痛不僅能使子宮收縮所需的神經肌肉變得發達，還能在生產開始之前，對子宮頸口的早期變化有所幫助。

陰道分泌物增多

隨著預產期的逐漸臨近，陰道黏液會有所增多，會出現茶色的黏液，或者由於子宮內口胎膜與宮壁的分離，有少量出血。這種出血與子宮黏液栓混合，自陰道排出即為見紅。見紅是生產即將開始比較可靠的徵兆。這些徵兆有可能在生產開始的前幾天或幾小時前出現。產婦應該隨時對分泌物的顏色和氣味進行確認，當分泌物出現異味或陰部搔癢時有可能已經

Q 在生產之前，會對孕婦做哪些處理措施？

A 首先醫生會進行內診，確認子宮頸張開多大？當子宮頸張開得較大，臨近生產時，醫生會為產婦測量血壓，進行簡單的血液檢查與小便檢查。然後將產婦移送至待產室，剔除陰毛後灌腸，為了防止產婦出現脫水的症狀，還會進行靜脈注射。此時根據各人的不同情況，也會注射生產促進劑。如果被檢查出胎兒異常時，會對胎兒的狀態和子宮的收縮程度進行監測。

Q 什麼時候會進入產房？

A 在待產室等待的期間，醫生為了確認子宮頸口開口變化及胎頭下降程度，會隨時進行內診。在開始檢查前會戴無菌手套，再將手指伸入產婦的陰道，用手指丈量子宮頸的張開狀況。開一指約2公分，開兩指就是4公分，以此類推開五指，也就是子宮頸全開到達10公分，胎兒的頭部露出3cm時，就會進入產房。

初期 0 Month
初期 1 Month 1~4週
初期 2 Month 5~8週
初期 3 Month 9~12週
初期 4 Month 13~16週

後期 8 Month 29~32週
後期 9 Month 33~36週
後期 10 Month 37~40週

生產

出現了陰道炎，因此應及時與醫生商談。即使沒有出現陰道炎，也應該經常更換內衣內褲，保持清潔衛生。

3大生產信號：
見紅、陣痛、破水

到底什麼時候會生？又有哪些徵兆可以顯示即將「生產」？出現以下3大徵兆時，一定要儘快就醫。

生產信號1：見紅

見紅是即將生產的重要徵兆。一般會發生在規則陣痛或羊水破裂的前幾天，陣痛前少量的出血症狀，就稱為「見紅」。見紅的顏色和量有個人差異，當下體出現帶有粉紅色，或是褐色血絲的分泌物，是子宮頸正在變軟、變薄的徵兆。若流出來的是血紅色的分泌物，甚至是鮮紅的血，而流出的量多到會把棉墊或內褲沾濕，這時應該立刻就醫。

Q 下半身經常出現疼痛也是產兆之一嗎？

A 是產兆之一。因為胎兒朝骨盆內下降，所以產婦的腿部經常會出現抽筋的症狀，嚴重時還會導致難以行走。有時也會持續性地出現腰痛的狀況。有時候肋骨附近和下腹也會出現疼痛。產婦應該食用富含維他命B群的食物，經常沐浴或按摩。

生產信號2：陣痛

陣痛怎麼進行？就是子宮收縮一陣痛、一陣不痛，這種收縮跟一般的收縮不一樣，會有一種有什麼東西要從下半身掉下來的感覺，這種陣痛不會因為你的姿勢而有所緩解，不管你是坐著、躺著、站著或走來走去，都還是會覺得很痛，有一種下墜感，有時候10分鐘一次，之後會越來越密集，快生的時候可能3分鐘就一次，如果不是頭胎的產婦，很快就會生了，我們就會叫他抓個5分鐘痛一次時就過來，有些因為是第一胎，收縮痛可能會痛好幾天，但那個痛是可以忍受的，是子宮頸還沒開的狀態，因為健保只能支付從待產到生產共四天三夜的期間。

所以如果是第一胎，從你子宮頸開到2公分，可能就需要2～3天，甚至需要一個禮拜的時間。但你不可能一個禮拜都躺在醫院，剛開始子宮頸還沒開時，多走動其實是可以加速產程，都不動反而會比較慢。

臨近生產，子宮就會開始收縮，把寶寶往產道方向擠壓，這樣就會感覺到陣痛。陣痛開始時就像輕微的經痛或腰痛那樣，後來便會逐漸感覺到腹部被拉伸，大腿被拉扯的感覺。不規則的陣痛會每間隔20～30分鐘出現

10～20秒鐘的強烈陣痛。當陣痛每次間隔5～10分鐘出現，變得很規則時，則說明產婦開始生產。

　　儘量找個自己可以放鬆的姿勢就可以了，而利用重力讓寶寶下來，有些人會用半蹲、用青蛙蹲的姿勢來幫寶寶快點下降，爬樓梯也可以，就是做能讓身體前傾的活動。

　　但到了活動期，也就是子宮頸開3～4公分時，就可以適度休息。或躺著，或注射減痛藥劑，有些媽媽我會建議打無痛針，但需要自費。有些醫院用劑量算，有些醫院用注射次數來算，我們醫院一次是5500元。

初產婦：當陣痛的間隔時間在5～10分鐘，持續出現1小時的陣痛時，應到醫院準備生產。陣痛間隔時間較長，且疼痛較強烈時最好能及時趕到醫院。

經產婦：如果子宮持續保持輕微的收縮感，或持續性的疼痛時最好馬上到醫院。因為生過孩子的產婦可能很快就會生了。

出現陣痛時，可以試試這些方法

1. **彎曲身體的坐姿** 兩腳張開與肩膀同寬，彎曲著身體坐下，臀部上抬，使膝蓋彎曲呈90度角。此時張開的膝蓋應保持豎立，背部也應該伸直。這種姿勢會使小腿和大腿的肌肉感覺被拉扯，有些疼痛，但很快便能變得熟練和適應。

2. **利用椅子** 靠著椅子的靠背坐下，兩腿微微張開，雙手放在腹部上，輕輕地撫摸。或者將椅子面向自己，像騎馬一樣張開兩腿，把自己的頭和兩手搭在椅子上，保持均勻的呼吸。

3. **有效的坐姿** 用坐墊或靠墊貼著牆，依靠著坐下。此時背部應盡可能地伸展，手輕輕地放在腹部上。此時膝蓋輕輕地彎曲或伸展開來。身體朝前低的時候膝蓋保持彎曲，在雙腿微微張開的狀態中，在兩腿之前夾入坐墊或靠墊。此時下巴靠著墊子，會更舒服。

減少陣痛的指壓按摩法

1. **三陰交穴按壓法**
　三陰交穴位於小腿內側，足內踝尖上約3寸，脛骨內側緣後方凹陷中。刺激三陰 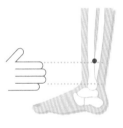 交有促進生產的作用，在吐氣時，可以一邊輕輕地按壓此穴位。

2. **合谷穴按壓法**
　位於大拇指和食指之間的虎口處。合谷穴是能減少陣痛的指壓穴位，指壓按摩時應該朝食指方面按壓，在吸氣和吐氣時輕輕地按壓。

3. **減輕肩部疼痛的按摩法**
　因為陣痛的時候身體會緊縮，所以肩部的肌肉會變得緊張。當陣痛停止的時候可以用手揉捏肩部。

初期 0 Month
初期 1 Month 1~4週
初期 2 Month 5~8週
初期 3 Month 9~12週
初期 4 Month 13~16週
後期 8 Month 29~32週
後期 9 Month 33~36週
後期 10 Month 37~40週
生產

4. 腰部按摩法

 從腰部內側朝外側，以劃圓圈方式，用大拇指或手掌邊緣處用力地揉搓，或用兩手從臀部開始，敲打至腰部和背部。此外，還可以在腰部至尾椎的部位按摩。當痛症變得更嚴重時，可用大拇指在尾骨的部位用力按壓。

5. 頸部按摩法

 利用食指和中指用力按壓頸部。

6. 腿部按摩法

 保持躺臥的姿勢，從大腿開始至膝蓋，踝骨輕輕地按壓，用這個按摩法可以消除緊張。

生產信號 3：破水

 破水就是包裹著胎兒的羊膜腔自然破裂，羊水流出，一般會感覺到一股熱流從陰道流出，或是有濕潤的感覺，且聞起來不像尿液的味道。在10名產婦中，約有2～3名的產婦在陣痛開始之前便經歷早期破水。破水的症狀因人而異，有些人只是內褲稍微濕一點，但有些人也會如流水般嘩嘩冒出。

要特別注意早期破水

 如果是未滿37週的破水，就是早期破水，在陣痛來之前就引起的破水，一般認為是細菌感染的元兇，讓胎膜變脆弱等的原因。如果是進入37週後，就不會有問題。但是如果未滿37週破水，會成為早產的導火線。

 另外，因為陰道口和子宮口是相連的，若從那裡讓寶寶細菌感染的話就危險了。寶寶會引起結膜炎或肺炎等的問題。一旦發現破水，要墊上乾淨的衛生棉，馬上去醫院就診。

 另外，也要注意少量的破水！

 接近生產的時候會破水，破水中有「低位破水」和「高位破水」兩種，低位破水就是像尿失禁一樣，一直流一直流。高位破水你會覺得下面有一點點水，但好像又沒有，覺得濕濕的，過一陣子又沒有，但又覺得有點濕濕的，這樣斷斷續續的，只有少量的破水是高位破水的情況，也有人會誤認為是分泌物或尿而放著不管。無論是哪一種，還是建議趕快到醫院做檢查。

減緩生產陣痛的方法

 隨著醫學的進步，生產的疼痛度已逐漸可以掌控，而其中最常見的，就是拉梅茲減痛法與硬脊膜外麻醉法（無痛分娩）。

拉梅茲呼吸法

 拉梅茲呼吸法是運用在第一產程，也就是從陣痛到子宮頸口全開的階段，依據產痛的型態還有程度上的不同所運用的三種呼吸技巧。

1. 胸式呼吸法：

 當陣痛開始到子宮頸口開3公分時。當陣痛開始要放鬆全身，把眼睛專注在一個定點，達到專心呼吸的目的，先做一次深呼吸，接著以鼻子吸入，再以嘴巴呼出空氣，呼出時的嘴型像吹蠟燭般的胸式呼吸，陣

痛結束後再做一次深呼吸。

2. 嘻嘻輕淺呼吸法：

當子宮頸口開3～7公分時。

這時的陣痛，已經不是胸式呼吸法可以克服的，所以改採嘻嘻輕淺呼吸法，方法是當陣痛開始時先放鬆全身，把眼睛注視在一個定點上，先做一次深呼吸，接著完全用嘴呼吸，嘴巴微張成一字型，先吸一小口，再吐一小口，呼氣時會發出「嘻、嘻」的聲音，且可以感覺到喉嚨有振動情形，等陣痛結束後再做一次深呼吸。

3. 喘息呼吸法：

當子宮頸口開7公分到全開時。

這個階段改採喘息呼吸法。當陣痛開始一樣放鬆全身，把眼睛注視在一個定點上，做一次深呼吸，接著做3～4次的嘻嘻呼吸，然後用力吹一口氣，這樣交替動作，直至陣痛結束後再做一次深呼吸。

硬脊膜外麻醉

硬脊膜外麻醉，也就是俗稱的無痛生產法。

這是截至目前為止，公認效果最好的無痛生產法。在操作上，是以穿刺針刺入硬膜外腔，注入麻醉藥物，來達到止痛目的。這種麻醉止痛法，只會麻醉腹部以下的感覺神經，而不會阻斷運動神經，所以運用這種減痛方法，不但可達到無痛生產的效果，對於產婦的身體活動，卻絲毫不會有所影響，是十分安全的方法。

Q 實施硬脊膜外麻醉的常見併發症有哪些？

A 例如血管擴張，會使得血壓下降，只要經過及時處理，不至於危及母子健康。若穿刺針穿破脊膜，導致脊髓液外流，則可能造成麻醉後頭痛。一旦發生這種情形，只要服用止痛藥或由靜脈補充液體即可。因麻醉範圍超過腹部以上，會影響到產婦的正常呼吸，有時需要利用呼吸器來幫忙。如果造成胎心異常，必要時須行緊急剖腹產。

不過，使用這種麻醉止痛法，必須等產婦已經進入產程，並且經過一段陣痛期（子宮頸口必須張開3～4公分後）才能實施，所以，並非整個產程都完全不會疼痛，因此應該稱為減痛分娩。此外，儘管硬脊膜外麻醉相當安全，但還是有一些潛在危險，所以通常會利用胎兒監視器來監視母體與胎兒的狀況。

- 有人擔心硬脊膜外麻醉，會傷到脊髓而造成腰痠背痛，事實上發生這樣的情況機率可說非常的低。
  一般認為剖腹產後會產生腰痠背痛，其實和懷孕時姿勢改變對肌腱與關節所造成的影響有關，和腰椎麻醉並沒有關連，許多以自然生產的產婦也會發生腰痠背痛的情形，即可得到印證。

先瞭解生產時的三大產程

媽媽會先在待產室準備，浣腸是為了避免生產過程中發生感染，當子宮頸口開到5個指頭寬才會進入產房生產。

第一產程
【所在地：待產室】

- 階段：第一階段準備期
- 子宮頸口狀態：從0開始慢慢張開到接近10cm
- 陣痛間隔：每隔30～45秒會陣痛5分鐘
- 陣痛時間：8～9小時
- 產婦必須做的事：出現疼痛的時候要採用腹式呼吸。深深地吸氣，慢慢地吐氣。
- 醫院的處理：進行問診和內診、灌腸、靜脈留置針、使用生理監視器、胎心音監測器，準備陣痛促進劑、剔除陰毛、插入導尿管。

這個階段會先浣腸、導尿，可避免膀胱受到壓迫，所以先讓膀胱排空。浣腸是因為在生產用力的過程中，有時候大便會跟著一起出來，怕造成新生兒感染，所以我們會先用浣腸的方式，讓生產時不會有感染的現象。另外，靜脈留置針是因為怕萬一產後大出血，或是需要給緊急藥物的時候來不及，所以會先備一個，萬一有什麼狀況我們可以馬上施打。

生產完後會從產房移到恢復室觀察兩個小時，兩個小時沒問題後，媽媽就可以到病房裡

胎兒狀態

1 當子宮頸口張開2cm左右時胎兒的樣子。產婦會出現子宮頸管被拉扯的感覺。

2 當子宮頸口張開6cm左右時胎兒的樣子。每間隔2～3分鐘便會出現非常劇烈的陣痛。

3 當子宮頸口完全張開時胎兒的樣子。大概在這個時期的前後會破水。

4 取胎兒手腳蜷縮，下巴貼著胸口的姿勢。

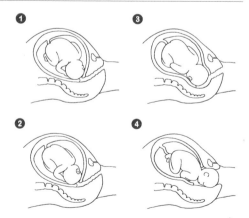

第二產程
【所在地：產房】

- 子宮頸口狀態：完全張開，約10cm以上
- 陣痛間隔：每間隔1~2秒鐘便會持續出現60~90秒的陣痛
- 陣痛時間：初次生產的產婦約為50分鐘；經產婦約為15~30分鐘
- 產婦必須做的事：
  1. 產婦最需要做的就是有效率地使勁用力。當子宮一開始收縮時，就要深呼吸2次後屏住呼吸，再長長地吐氣。
  2. 當胎兒的頭部已經產出時，胎兒會依靠自己的力量，產婦此時不需用力。從這個時候開始，產婦要保持「hahaha」的短促呼吸，幫助胎兒最後產出。
- 醫院的處理：會陰切開、硬膜外注射、麻醉，剪斷臍帶。

會陰剪開是讓寶寶在出來時，就像報紙剪個洞一樣穿出來，寶寶出來的時候就會順著破口而出，且傷口也會比較漂亮、產後疼痛也會減輕。現在推行友善醫療，有些產婦認為自己不需要浣腸、導尿、會陰剪開、剃毛……，他們會覺得生產是一個很自然的方式，甚至選擇在家裡生產等等，這些都可以討論。如果產婦不想要浣腸或是剪開會陰等等，其實也是可以的，但我們會說明會有哪些後遺症、可能會發生什麼情況，也會尊重媽媽的想法。

產房

 胎兒狀態

1 胎兒向著逆時鐘方向出現90度的迴轉，臉朝著媽媽背部的方向。

2 原本彎著的胎兒臉部微微向上抬起，朝外面娩出。

3 為了能使肩膀娩出，胎兒再一次90度的旋轉，側身由醫師取出。

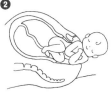

初期 0 Month
初期 1 Month 1~4週
初期 2 Month 5~8週
初期 3 Month 9~12週
初期 4 Month 13~16週
後期 8 Month 28~32週
後期 9 Month 33~36週
後期 10 Month 37~40週
生產

第三產程
【所在地：產房】

- 處理時間：15~30分鐘
- 產婦必須做的事：
  1. 用力排出胎盤。根據醫師的指示輕輕地用力，排出胎盤。
  2. 使用衛生棉。預防出血，可以使用產婦專用衛生棉，再將產婦移到恢復室。
- 醫院的處理：拿出胎盤，會陰縫合，注射子宮收縮劑。

　　寶寶出來之後身上都會有一些羊水，我們會把羊水擦乾淨，然後做一些全身性的檢查，接著處理胎盤、會陰縫合，觀察2個小時，一般不會在產台上，而是儘量會在產房，因為90%以上的大出血情況都會在產後兩個小時內出現，那時候如果是在產房，人力充足，會比較安全。

產房裡面寶寶的保溫箱

 ### 胎兒狀態

1 去除新生兒鼻子和嘴巴裡的異物，剪斷臍帶，幫寶寶洗澡。

2 幫寶寶沐浴後，輕輕地擦拭掉身上的水，並充分地將肚臍消毒，然後用消毒過的紗布蓋著。

3 在產房做好基本處理之後，避免父母親混淆，要幫寶寶戴上記錄媽媽姓名、孩子性別、出生時間和體重等資訊的手環或腳環，然後再移到至新生兒室。

產婦移至恢復室 & 寶寶送新生兒室

- 處理時間：大約休息2小時
- 產婦必須做的事：
  1. 懷孕時變大的子宮會慢慢收縮回復原來的大小。
  2. 此時會出現陣痛，這也被稱為產後陣痛或後陣痛。
  3. 會出現和生產陣痛相似的感覺，經產婦陣痛的程度比初產婦明顯。
  4. 當疼痛嚴重和出血較多時應及時告訴醫師。
- 醫院的處理：對產婦的出血、血壓、脈搏、意識、血液檢查，貧血數值等情況進行確認。

 ### 胎兒狀態

1 將寶寶移至新生兒室後，需進行授乳，可給寶寶喝奶粉或母乳，有母乳時應該用母乳餵養。

2 如果是早產的寶寶，會先送至嬰兒的保溫箱。

自然產&剖腹產的過程

用最自然的方法生下寶寶的自然產過程，
需要剖腹的情況又有哪些？就讓我們一起來瞭解。

自然生產的三大產程

自然生產就是不依賴藥物或手術等，用最自然的方法生下寶寶的生產方式。以下就讓我們一起來瞭解自然生產的過程！

第一產程

子宮頸口擴張的時期

在生產第一期中，平時為2cm厚度的子宮頸變得像紙一樣薄，子宮頸口完全擴張，打開至胎兒可以娩出的大小，在這個時期，子宮頸口會張開到大約10cm為止。

當陣痛每間隔5～10分鐘規律出現時，生產就會開始。雖然在這個時期的過程會因人而異，但一般而言，此時初產婦平均需要經過8～10小時，而經產婦則平均需要經過4～10小時，且初產婦和經產婦的陣痛時間也會有所不同，這是因為經產婦的子宮會更加柔軟，子宮頸口也會更快擴張。

第一產程的3階段

第一階段：準備期	第二階段：進行期	第三階段：履行期
★子宮頸口：張開 0 ～ 3cm。 ★每隔 5 分鐘，陣痛會持續 30 ～ 45 秒鐘。持續時間為 8 ～ 9 小時。	★子宮頸口張開 3 ～ 8cm。 ★每隔 3 ～ 4 分鐘，陣痛就會持續 1 分鐘，持續時間為 3 ～ 4 小時。	★子宮頸口張開 8 ～ 10cm。 ★每隔 1 ～ 2 分鐘，陣痛就會持續 1 分鐘 30 秒。持續時間為 1 ～ 2 小時。
這個時期的陣痛容易人難受。陣痛開始時，先用鼻子深吸一口氣屏住，然後長長地吐氣，反覆進行，這樣有助於減少疼痛。	這個時候感到陣痛的持續時間更長。陣痛間隔 2 ～ 3 分鐘時，子宮頸口會擴張至 7 ～ 9cm，此時陣痛最劇烈。陣痛出現時如果用力，胎兒不容易下降，還將導致產婦在胎兒真正要娩出時筋疲力盡，所以這一時期要盡量放鬆。	這個時候感到陣痛的時間比間歇的時間更長，所以陣痛感如浪濤般直襲而來。劇烈陣痛後有強烈的排便感，生產即將開始。

醫院的處理措施

● **問診和內診** 醫生會檢測產婦的血壓、脈搏、體重，並進行簡單的尿液檢查。醫生會向產婦詢問從何時開始陣痛，現在的狀態如何，疼痛的程度，排尿或排便的狀態等。此外，醫生還會通過內診來確認子宮頸口的擴張程度，是否出現破水或早期出血等症狀。如果陣痛的間隔時間變短的話，會每隔1小時進行一次內診。

● **使用生產監視器** 為了讓產婦能順利產出健康的寶寶，醫生會在產婦的腹部連接上生產監視器。使用這種裝置可以對胎兒的心率和子宮收縮的程度進行確認。

● **浣腸** 胎兒下降的產道和堆積糞便的腸道非常接近，幾乎貼在一起，所以腸道中如果堆積糞便，產婦用力時會導致糞便排出，所以為了防止感染必須進行浣腸，一般在陣痛間隔為10分鐘時會進行浣腸。

● **陣痛促進劑** 當羊膜提早破裂或出現42週以上的過熟兒，子宮收縮較弱的情況時，醫生會為產婦注射子宮收縮劑確認子宮的收縮和胎兒的心率後再決定注射量。這樣能有效地誘導生產。

胎兒的狀態

子宮頸口擴張，胎兒會伴隨著陣痛頭部稍稍轉動，下巴貼近胸口側，身體轉向側邊，開始下降至骨盆。此時因為陣痛，如果對腹部施力，胎兒會無法正常轉動，所以不能使勁用力。醫生會通過內診來確認胎兒的頭部位置。

產婦的因應方法

● **身心放鬆** 在第一產程裡，由於子宮頸口會慢慢地張開，所以此時最重要的是保持身心放鬆。產婦可以取側臥的姿勢或利用枕頭取最舒服的姿勢。當沒有出現疼痛時可以一邊看書或聽音樂，一邊放鬆心情。

● **使用呼吸法** 可以像在懷孕期間練習拉梅茲呼吸法或其他呼吸法那樣調整呼吸，這樣能有助於緩解陣痛。

● **有助於減少陣痛的姿勢** 當陣痛變得劇烈和呼吸困難時，將腰骨朝外側壓能緩解陣痛。或者採取臥姿，手握拳放至腰下，這樣也能對腰部形成壓迫，也是一種能有效緩解陣痛的方法。

第二產程

胎兒娩出的時期

子宮頸口完全張開後，腹中的胎兒朝母體外完全娩出的過程被稱為生產第二期。當子宮頸口完全擴張，可以從產婦的外陰部看見胎兒的頭部時，醫生會將產婦從待產室移至產房。當子宮頸口擴張至一定程度時，羊水自然會破裂，但如果出現無法自然破水時，醫生會在適當時機進行人工破水。

此時期的陣痛時間和生產第一期

的有所不同，間隔時間變短，每間隔1～2分鐘就會出現持續60～90秒鐘的陣痛。在此時期中，初產婦需要的時間平均為50分鐘，而經產婦需要的時間平均為15～30分鐘。

醫院的處理措施

- 剔除陰毛　為了防止胎兒和產婦受到細菌感染，防止陰毛在會陰切開或縫合時形成阻礙，醫生會為產婦剔除陰毛。有的醫院會在待產室中做這項措施，有的醫院會在產房中做。

- 插入導尿管　將柔軟的管子插入尿道中，使膀胱內積滿的尿液排出體外。膀胱內如果充滿尿液的話，會使陣痛變弱或者使胎兒難以朝下方下降。

- 會陰切開　為了時胎兒能更容易娩出，需要切開會陰。醫生在會陰部做局部麻醉後會切開3～5cm左右。一般來說，初產婦是採用斜著切開的方法，而經產婦是採用從中央切開的方法。斜著切開的話，就不容易傷害到肛門括約肌。

- 硬膜外麻醉注射　醫生會對希望無痛生產的產婦進行硬膜外麻醉注射。一般當子宮頸口擴張至5～6cm時，醫生會對產婦下半身的感覺神經進行麻醉，大部分麻醉劑都能持續至整個生產過程。

- 剪斷臍帶　當胎兒的頭部娩出時，要確認臍帶是否纏繞住胎兒的脖子後再拉出胎兒。將胎兒嘴巴和鼻子中的羊水和異物去除，再剪斷臍帶。

一般在剪斷臍帶時都會留下3cm的長度。

胎兒的狀態

胎兒要通過狹窄的產道也非常辛苦，此時胎兒的頭部可能會產生產瘤（在生產過程中，當胎頭抵達母體骨盆底時，胎頭受壓，局部的血液循環受影響，發生水腫，形成產瘤），頭蓋骨會微微重疊。頭部直徑會減少0.5～1cm。不過大部分的產瘤在產後24～36小時以內就會消失，不用必擔心。

產婦的因應方法

- 有效率的用力　在第二產程裡，產婦最重要的事情就是有效率地用力。當胎兒的頭部娩出時，應自然地使勁，感覺到排便感。當子宮一開始收縮時，深呼吸兩次後屏住呼吸，再長長地吐氣。

- 使用呼吸法幫助胎兒娩出　當胎兒的頭部已經娩出時，胎兒會依靠自己的力量娩出，因此產婦此時無需用力。從這個時候開始，產婦要保持短促呼吸以幫助胎兒最後娩出。當胎兒的身體娩出時，許多羊水會隨之一同流出，所以產婦會感覺到有什麼東西從體內嘩嘩流出的感覺。

1. 胎兒身體逆時鐘出現90度的迴轉，朝著媽媽背部的方向。
2. 原本蜷縮著的胎兒臉部微微向上抬起，朝外面娩出。
3. 為了能使肩膀娩出，胎兒再一次90度的旋轉，朝著側面。

初期 0 Month

初期 1 Month 1~4週

初期 2 Month 5~8週

初期 3 Month 9~12週

初期 4 Month 13~16週

後期 8 Month 28~32週

後期 9 Month 33~36週

後期 10 Month 37~40週

生產

第三產程

胎盤娩出，會陰縫合的時期

　　生產第三期是生產結束後，原本為胎兒供給營養和氧氣的臍帶和胎盤娩出的階段。胎盤在胎兒完全娩出5～10分鐘後，會伴隨著微弱的疼痛一同娩出。這種痛症被稱為後陣痛。有時候子宮壁和胎盤會相互黏連，不過這種情況很少出現。此時，胎盤娩出後，必須確認胎盤或羊膜是否還有部分殘餘，子宮頸是否裂傷。當正常地全部娩出時，就可以縫合會陰。第三產程的持續時間為15～30分鐘。

醫院的處理措施

● **胎盤娩出**　胎兒出生後，胎盤會從子宮裡娩出，此時的持續時間為10~15分鐘。此時會出現輕微的疼痛以及出血。
　　胎盤會自然娩出，或者醫生和護理師會微微按壓腹部，來幫助產婦的胎盤娩出。

● **會陰縫合**　將切開的會陰部縫合所需時間約為10分鐘。因為醫生會將會陰部進行麻醉，因此產婦不會感覺到疼痛。偶爾也會因為麻醉過後而出現疼痛。

● **注射子宮收縮劑**　當停止出血、胎盤娩出後，醫生會給產婦注射子宮收縮劑，再觀察情況。生產時如果子宮內部受到損傷，卻不儘快止血的話，有可能會引起大量出血。

胎兒的狀態

● **沐浴**　去除胎兒鼻子和嘴巴裏的異物，剪斷臍帶，幫寶寶洗澡。

● **肚臍消毒**　幫寶寶沐浴後，輕輕地擦拭掉身上的水，並充分的將肚臍消毒，然後用消毒過的紗布蓋著。

● **戴上手環與腳環**　當在產房中結束基本的處理措施之後，為了不讓寶寶混淆，會幫寶寶戴上寫著媽媽名字和孩子性別、出生時間、體重等資訊的手環和腳環，然後移至新生兒室。有些醫院在將寶寶送往新生兒室之前，會先讓媽媽抱著寶寶餵奶。

產婦的因應方法

● **用力排出胎盤**　根據醫生的指示輕輕地用力，排出胎盤。

● **使用衛生墊**　為了應對出血，可以使用產婦專用衛生墊，再移到恢復室休息。

產婦在恢復室的時期

產後2小時內

　　也就是第四產程，指胎盤娩出後的1～2小時內。90%的產後出血都是在此時發生的，很有可能還會出現其他問題，所以在這個時期也被稱為早期恢復期。大部分的產婦在生產後的2小時內都必須在恢復室中躺著靜養，不能活動。

生產後的異常症狀

- 症狀1：胎盤沾黏 胎兒娩出後，原本該排出的胎盤，卻沾黏連在子宮壁上。胎盤如果無法排出，醫生會將手放入子宮裡拿出胎盤，當胎盤位於子宮深處時，必須動手術才能拿出胎盤。

- 症狀2：子宮頸裂傷 這是指子宮動脈和子宮頸一起裂傷，在生產的同時出現出血的症狀。這種狀況一般會在子宮頸口突然擴張緊繃，或者胎兒以錯誤的姿勢娩出時所發生。傷口太大或突然出血過多時，應該及時止血，並將撕裂的部位縫合。

- 症狀3：子宮出血 這是指當胎兒和胎盤都娩出後仍出血不止的症狀。大部分情況都是因為胎兒過大或羊水過多等，導致子宮壁過分擴張，再導致胎盤娩出後，子宮無法正常收縮，引起子宮出血。此時應及時注射子宮收縮劑或者為了提高子宮的收縮力，採取如按摩子宮等應急措施。

醫院的處理措施

- 確認是否產後出血 子宮收縮的同時，出血的現象會因人而異，但一般最大的出血量為500c.c.。醫生會對產婦的出血、血壓、脈搏、意識、血液檢查以及貧血數值等情況進行確認，並仔細觀察是否出血過多。

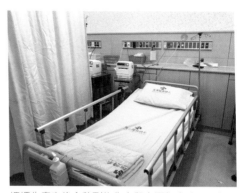

媽媽生產完後會移到恢復室觀察兩個小時，兩個小時後都沒問題就可以到病房裡休息

產婦的因應方法

- 子宮收縮 懷孕時變大的子宮透過產後收縮，會回復到原來大小，這時會出現陣痛，這稱為後陣痛或後腹痛。它會出現與生產陣痛相似的感覺，如果不是生第一胎的媽媽，陣痛程度會再增加一些。當痛症嚴重和出血較多時應及時告訴醫生。

初期 0 Month

初期 1 Month 1~4週

初期 2 Month 5~8週

初期 3 Month 9~12週

初期 4 Month 13~16週

後期 8 Month 28~32週

後期 9 Month 33~36週

後期 10 Month 37~40週

生產

生產中的緊急狀況

可能出現的狀況	處理方式
微弱陣痛	陣痛是因為子宮收縮所造成。而微弱陣痛則是子宮收縮力道太弱,以至於不能正常生產。如果發生微弱陣痛,則會使用子宮收縮劑來促進生產,若情況嚴重,則需進行剖腹產手術。
胎盤早期剝離	胎兒娩出後,剝落的胎盤出現提早剝離的現象,就叫做胎盤早期剝離。通常患有嚴重的子癲前症,或下腹部受到劇烈撞擊時會發生,一旦發生出血不止時,會對產婦造成危險,所以要立即實施剖腹生產。
子宮破裂	生產時胎兒下降受阻,子宮發生自發性的強烈收縮,肌肉因過度擴張變薄,導致薄弱處破裂。這時胎兒已經露在子宮外,所以非常危險。
胎兒窒息	正常生產過程的最後,胎兒心跳率突然急遽降低的現象。這種情況常發生在過了生產期或孕婦患有妊娠高血壓、生產時間遲延的情況。發生這個情況要及時進行剖腹產或吸引生產,將胎兒從母體中取出來。
臍帶纏繞	臍帶的長度一般在 50cm 左右。一旦臍帶過長,就會纏繞胎兒的脖子或手腳。而臍帶受到壓迫時,會引起低氧狀態,這時十分危險,要緊急處理來幫助生產。
臍帶黏附在羊膜上	臍帶通常會附著在胎盤上,若發生黏附在羊膜上時,雖然胎兒也能順利成長,但在生產破水的同時,羊膜部位的血管爆裂,則可能會引起胎兒死亡。

自然產的產程重點

當胎兒的頭部在媽媽的外陰部露出時,醫生就會將產婦從待產室移至產房。在胎兒娩出和胎盤排出的整個過程中,初產婦平均需經過50分鐘的時間,而經產婦大約經過15～30分鐘的時間。

1. 先對會陰部周圍進行消毒,剃除陰毛,並插入尿管。羊水破裂後,從陰道口可以看見胎兒的頭部,切開會陰讓胎兒的頭部順利娩出。

2. 產婦用力時胎兒的頭部會朝外娩出。

3. 當胎兒的頭部都露出時，為了使胎兒呼吸，會打開胎兒的嘴巴，去除口中的異物。

4. 頭部娩出後，胎兒的身體會旋轉90度相繼娩出，當身體娩出時，剪斷臍帶。

5. 當胎兒出生後，再一次清除胎兒口中的異物，並進行新生兒檢查。

6. 為了能將寶寶區別開來，應該給寶寶戴上寫著媽媽名字的手環和腳環，然後送往新生兒室。

7. 10~20分鐘後，產婦應再一次使勁用力，讓胎盤娩出。

8. 將切開的會陰部縫合，然後將產婦移至恢復室。

什麼情況需要剖腹產？

當自然生產會對胎兒和產婦的生命造成危險時，剖腹產就成了另外一種生產方法。下面就讓我們來瞭解，在什麼情況下需要剖腹產？還有剖腹產的手術過程與產後調理法吧！

雖然臨床上已可藉某些情況，事前決定產婦是否需要剖腹產，可是有許多因素是事前無法預料的。有相當多的剖腹生產，都是產婦在經歷自然生產的過程中，迫不得已要改為剖腹生產，這讓許多的產婦及家屬都無法接受，認為產婦冤枉痛了兩次。事實上，許多狀況無法事前評估，必須經過一段時間的陣痛，醫師由臨床上的陣痛與產程的進展，才能判斷是否可

以順利生產，例如胎兒在產道中旋轉的角度、胎頭變形的能力還有母體產道肌肉的彈性等等。

此外，生產過程中，胎兒也可能會因為臍帶受壓迫，或其他不明原因而心跳不穩或缺氧，而必須施行緊急剖腹產。所以，有很多產婦可能會在經過長時間的產痛後，才不得已而施行剖腹生產。

當骨盆較窄時

當產婦的骨盆比胎兒的頭部更窄時，就必須需進行剖腹產，這種情況也被稱為「胎兒頭部和骨盆不均衡」，產婦的骨盆大小（約10cm）比胎兒的頭部更窄時，很難自然生產。一般在懷孕期，可以透過超音波檢查或內診等方法，預測出胎兒的頭部大小和產婦的骨盆大小，可提早決定是否接受剖腹產手術。

當胎兒的姿勢有異時

一般當胎兒的姿勢不正常時，會出現頭部沒有朝下的臀位，以及朝側邊躺著的橫臥位兩種情況。當胎兒出現這種情況，採取自然生產時，其腿部會先娩出，臍帶會受壓而出現氧氣無法供給的狀況。

有時也會出現胎兒的頭部卡在骨盆，無法娩出的情形，嚴重時會引起腦損傷或胎兒死亡的危險，90%以上出現臀位情況的產婦（特別是初產婦），都會以剖腹產來生產。而出現橫臥位的情況時，是無法自然生產的。

初期
0
Month

初期
1
Month
1~4週

初期
2
Month
5~8週

初期
3
Month
9~12週

初期
4
Month
13~16週

後期
8
Month
28~32週

後期
9
Month
33~36週

後期
10
Month
37~40週

生產

可以
這樣做

需要緊急剖腹產的情況

狀況	處理方式
子宮內感染	例如羊膜破裂,當破水後仍沒有出現陣痛,過了 24 小時以上時,很可能子宮內受到了感染。為了避免病菌傳染到胎兒,通常也會選擇以緊急剖腹的方式,來避免胎兒受到感染的威脅。
胎兒窘迫	如果胎音記錄出現了胎兒心跳減緩,且孕婦在子宮收縮時,胎兒的心跳仍呈現緩慢狀態,或許表示寶寶無法獲取足夠的氧氣,甚至是有缺氧的可能,也就是出現胎兒窘迫的現象。
產婦有嚴重的高血壓或子癇前症	有些產婦在陣痛時,血壓會隨之飆升,在待產時,若降血壓的藥物,無法有效將血壓控制在安全範圍內,如此一來,產婦會有血管意外的風險,胎兒則會有子宮窘迫的危險,所以為了確保安全,會安排緊急剖腹產。
臍帶異常	生產時,臍帶在胎兒的頭部娩出後才露出,這才是正常的。如果臍帶比胎兒先露出,或卡在骨盆,會使得胎兒的頭部受到壓迫,出現臍帶繞頸等情況。 如果出現這些情況,都會馬上進行緊急手術。

前置胎盤或胎盤機能出現異常時

如果胎盤是堵著子宮頸口的前置胎盤,或胎盤出現異常時,陣痛會開始出現,胎盤很可能會比胎兒更先朝外娩出而造成危險,所以為了安全起見,應選擇剖腹產。

當產婦患有疾病

當產婦患有心臟病、腎臟病、糖尿病等疾病,或其子宮或陰道畸形,以及陰道或子宮頸患有性病時,都應選擇剖腹產較為保險。

當子癇前症嚴重

當子癇前症嚴重時,陣痛會開始出現,血液會逐漸升高,有可能會引起一種叫癲癇的抽筋症狀,這時,產婦會有失去知覺或呼吸困難的症狀,對胎兒也會造成危險。

多胎懷孕

如果胎兒是兩個以上的話,由於過分壓迫子宮頸口容易引起早產,而且生產時間也比正常時間多1.5倍左右,尤其雙胞胎中,有一胎是臀位的情況也特別多,所以一旦懷雙胞胎或

多胞胎時，一般都需要接受剖腹產。

高齡產婦

由於高齡產婦的年齡大，子宮頸部老化而引起產道變硬，所以選擇剖腹產的機率較高。有時候在第二產程中，高齡產婦很難充分使出力氣。但是也不是所有的高齡產婦都必須選擇剖腹產。

第一胎是採用剖腹產的情況

當第一個孩子是剖腹產時，因為有可能會發生子宮破裂，所以建議第二胎也採用剖腹產。

如果第一胎通過剖腹產順利生產的話，也可以嘗試自然生產。

剖腹產的過程

手術時期和時間，一般在預產期前1～2週進行，手術時間大約為30分鐘。手術前3天前會進行心電圖檢查、尿液檢查、血液檢查、胸部X光檢查。在手術的前一天入院，從午夜開始禁食。

1. 手術前的階段：首先會剔除產婦的體毛，然後會對手術的部位，即對腹部進行消毒。手術後的2～3天內不能活動，因此手術前必須先插入導尿管。
2. 麻醉：麻醉的方法有全身麻醉、硬膜外麻醉、脊椎麻醉等多種方法，但主要都是選擇全身麻醉。
3. 手術：切開腹部。手術部位一般在距離恥骨上方3cm左右的位置，橫

切10～13cm，依胎兒大小而定。
4. 將腹壁切開，再切開胎兒所在的子宮壁。
5. 接著切開包裹著胎兒的羊膜，抓住胎兒的頭部往外拉。
6. 剪斷臍帶，清除羊水和羊膜的殘餘物。
7. 縫合：生產結束後會對手術部位進行縫合。
8. 從子宮頸開始到腹部總共會分為7～8個階段進行縫合。縫合子宮頸等腹內部位時，醫生會使用能被體內吸收的線。
9. 對皮膚表面進行縫合時，主要使用不能吸收，應該摘除的線，並會在出院之前拆線。縫合之後會馬上進行消毒，貼上美容膠布，然後送往恢復室。

剖腹產而引發的問題＆臍帶血

- **手術部位感染**：手術部位和子宮、骨盆內的器官受到感染是剖腹產最常見的後遺症。皮膚敏感或患有糖尿病的產婦受到感染的機率會更高，如果產婦受到感染，需持續接受抗生素治療。

- **器官受到損傷**：切開腹部和子宮，其他器官也可能會受到損傷。此時應該將縫合的手術部位再次切開進行手術。

- **尿道感染**：因為腹部和子宮被切開，也可能會引起尿道感染。此時必須注射適量的抗生素進行治療。

- **出血過多**：手術後由於運動量的減少和血液凝固因子的變化，會引起出血。此時必須矯正非正常的血液凝固過程，注射藥物止血。當出血過多時也會進行輸血，但是這也可能會引發其他的併發症，所以因慎重考慮後再選擇適合的應對方法。

- **手術疤痕**：有些產婦的體質，會在手術部位發生紅癢現象，也很容易留下疤痕。所以這類體質的人，為了不使手術部位受到感染，必須在消毒和清潔上依據醫生的處方，塗抹加入了抗消炎劑和類固醇的軟膏。

- **臍帶血**：

  在嬰兒出生時，於臍帶及胎盤所存留的血就叫做「臍帶血」。因為當中富含「0歲」的幹細胞，正是人體製造血液及免疫系統的主要來源，可以取代骨髓移植使用而顯得異常珍貴。

  臍帶血的幹細胞又稱為「萬能細胞」，因為它類似胚胎一般，是「年輕」而較未分化的細胞，可以發展成不同型態之細胞或組織，做為基因療法及複製療法之用。

  目前被證實可以用「臍帶血」治療的疾病包括各種血癌、淋巴癌、貧血……等，是以「臍帶血」來替代骨髓。

  不僅僅是因為「臍帶血」容易取得，也因為花費較低，甚至因「臍帶血」中所含的幹細胞的免疫功能尚未發育完全，所以比較不會產生排斥作用，在醫學上也有多起成功案例，而其中不乏是透過無血親關係者的「臍帶血」移植；反之，來自骨髓的細胞，因本身已具有免疫功能，所以常會威脅並攻擊接受捐贈者。

  根據調查，在10萬人次的臍帶血銀行中，能提供成功配對的機率，高達85%～95%。而「臍帶血」的取得也較為容易，它的移植方式有如輸血般容易，在生產後，將臍帶及胎盤中的血留下來，會以近攝氏－200℃的低溫保存下來。

臍帶血的相關知識！

家裡有孩子罹患與血液細胞相關的疾病時，
「臍帶血」就成了重要的存在。

臍帶血的主要功能是什麼？

對許多其它種疾病的效果也尚在研究中。到底臍帶血為何會這麼神奇？其實它的功能全來自於所富含的「幹細胞」，具有「再生」與「分化」的能力，這些尚未成熟的細胞，還有機會發育成各種細胞，特別是血球細胞以及淋巴球。

因此，萬一孩子不幸罹患了與血液細胞相關的疾病時，便可利用儲存的健康「臍帶血」，進行移植。

「臍帶血」一定要保留嗎？

從美國一家最大的私人臍帶血銀行中探知，在該銀行過去5年內，一共有近2萬個臍帶血被儲存下來，其中卻僅有14個被取出使用，使用機率約在2千至20萬分之一。

不過，有遺傳性免疫疾病的家庭，或是家中已經有一個罹患血癌或淋巴癌的孩子時，保留他的兄弟姐妹的臍帶血，就有可能發揮救命的功能。

比「骨髓移植」更容易配對成功

「骨髓移植」大家比較耳熟能詳，但骨髓應用條件嚴苛，配對太難、取得不易、排斥性高，且在沒有血源關係的配對成功率，大約只有5萬分之1～10萬分之1。但有了「臍帶血」就不同了，「臍帶血」移植的原理與其非常類似，但較不容易產生排斥反應。

流程	臍帶血採集步驟
1	待產時，將臍帶血收集盒交給接生醫師，請醫師先取出血袋，將封袋內的條碼貼紙撕下貼於血袋上。
2	臍帶剪斷後，胎盤尚未脫離母體前需立刻採集，可得到最大的臍帶血量。
3	產婦端靠近血箱的臍帶，先以優碘消毒後再以酒精擦拭。
4	在消毒部位尋找血管較粗、較明顯的臍靜脈，插入針頭。
5	收集時間約5分鐘，愈多血流入愈好，目視血袋中的血量應達半袋以上。
6	採血時請輕搖血袋，以免凝血發生，並可促進血液順利流入血袋中。
7	若採血過程中胎盤排出，請繼續採血，此時可將胎盤放在無菌彎盆中，並置於較高處。

8	採血時可用酒精棉片由上往下推擠臍帶，如此反覆 2 次。採血完成後，將塑膠管中的血液擠入血袋中。
9	將塑膠管打 2 個結以上，以防微生物污染。將血袋倒轉數次，讓袋內的抗凝劑與臍帶血均勻混合。
10	待醫師採血完成，「臍帶血」銀行派專人於 24 小時內將「臍帶血」運送至實驗室，進行幹細胞分離、檢測，並做母血檢測。「臍帶血」銀行寄送「臍帶血」報告書給保存客戶，並詳細解說報告書內容。

初期
0
Month

初期
1
Month
1~4週

初期
2
Month
5~8週

初期
3
Month
9~12週

初期
4
Month
13~16週

關於懷孕與生產，媽媽們最想知道的……

Q1 惡露，會流到什麼時候？

惡露是分娩後子宮內膜的黏膜、血液等剝落並排出身體的分泌物。產後2～3天左右，惡露的流量會比生理期的經血流量大上許多，色澤一開始為暗紅色，會漸漸轉為淡紅色、紅棕，再變成淡黃色、白色液體，直至乾淨。全部排淨需要3～4星期，在7～14天時會突然出血較多，是因為子宮內膜傷口結痂部分脫落的緣故，是正常現象，不用過於擔心。期間長短根據每個人的身體狀況會有很大的不同，所以不需要跟其他產婦比較，覺得好像只有自己比較久而感到擔心。

但必須隨時觀察惡露排出的情形，如果有量過多且為鮮紅色、發出惡臭，或伴有較大血塊，甚至出現發燒、異常腹痛，或是時間過長、反覆排不乾淨時，必須盡快就醫檢查。

有尿失禁或痔瘡時，做些能收縮陰道肌肉的凱格爾運動（骨盆底肌肉收縮運動）會很有幫助。一天可從做20次開始，之後再慢慢增加次數。

Q2 產後水腫什麼時候會消退？

生完之後，寶寶、胎盤、羊水和部分血液都會排到體外，體重大約會減少4.5～6公斤左右。

不過生產後第3天起，大部分女性的體重就會因為荷爾蒙的影響而再次增加，之後會再藉由利尿和發汗等作用減少2.3～3.6公斤的體重。

產後水腫一般來說會從生完第3～4天出現，一個月內就會自然消腫。大部分的人只要在產後6個月內好好調理身體，懷孕時增加的體重都會順利減掉。萬一坐完月子後還是有明顯水腫，可能是因為惡露沒有排乾淨，或是多餘的水分沒有順利排出、還殘留在體內。雖然水腫會讓妳以為發胖了，但做一些幫助身體排汗的運動，就可以明顯改善。

最好的方法不是激烈運動，而是比較和緩、輕鬆的運動，像是走路這種能讓體溫些微上升、稍微出汗的運動，幫助新陳代謝、排出水分和老廢物質。可以從旋轉腳踝、把腳尖壓平並深呼吸，或是躺著把頭抬起來等這種簡單的姿勢開始。或者是躺平、膝蓋彎起、手放頭後再把腰抬高，稍微停一下再回到本來的姿勢，並反覆這套動作幾次。

後期
8
Month
29~32週

後期
9
Month
33~36週

後期
10
Month
37~40週

生產

特別附錄
誰都不會教的生產 Q&A

對產程有更多了解，媽媽才能抱持著比較穩定的情緒去面對生產這件大事，所以，請耐心往下看吧！

那些關於生產前、生產後，想問又不太敢問的……

關於剃毛、浣腸與其他問題

Q 剃毛什麼時候，由誰剃？

A 剃毛在待產的過程中，就會有護理師協助。

Q 全部剃掉嗎？

A 一般不會全部剃掉，就是出生的產道口附近進行剃毛。

Q 大便不會隨著生產漏出來嗎？如果漏出來寶寶會怎麼樣呢？

A 一般來講我們在生產前會先浣腸，避免大便感染，我們也會避免寶寶接觸到排泄物，會保護好，媽媽在陣痛時，如果想去上廁所的話，因為快生的時候，也可能會想要上廁所，記得一定要先跟護理師講，先請護理師檢查以後再去廁所，以免寶寶在廁所裡面掉出來，尤其如果是生過孩子的產婦，更要特別留意。

Q 聽說產後外陰部腫得像香腸一樣…

A 如果產後有會陰傷口血腫的現象，輕微的血腫可以用冰敷的方式來改善，假如說是嚴重的血腫，還是要再來醫院檢查一次。

關於會陰剪開

Q 會怎麼剪呢？

A 剪的時候，有正中跟斜的兩種剪法，正中的話就會靠近肛門，但是這種比較不會痛，斜的話比較不會靠近肛門，但會比較痛一些，醫生會看產道口裂的程度來判斷。

Q 會陰剪開的時候，會很痛嗎？

A 剪會陰的時候，都是醫生趁媽媽生產很痛的時候剪，所以比起生產的痛，應該還好，而且會先局部麻醉，趁妳在很痛的時候，已經分不清楚哪邊痛的時候才會剪會陰，那時候寶寶快出來了，在子宮頸全開的時候，已經看到寶寶的頭的時候才會剪。如果產後傷口有輕微的血腫可以先冰敷；假如說是嚴重的血腫，就要再來醫院檢查。

Q 之後要拆線嗎？

A 會陰縫合是不用拆線的，因為是縫肉線（是一種可被身體吸收的線，顏色接近膚色）。

關於上廁所 & 惡露

Q 陣痛時如果想去上廁所的話？

A 要上大號的話，一定要跟護理師說才可以。

Q 產後，大便用力的話，會陰傷口會裂開嗎？

A 產後大便用力的話，會陰不會裂開，因為都會縫合得很好，通常醫生都會開軟便劑給媽媽，讓媽媽能順利大號，請放心。

Q 產後上廁所，直接用衛生紙擦就OK了嗎？

A 產後上廁所，惡露會比較多，我們建議用沖洗的會比較好，保持清潔很重要。

Q 惡露是像月經一樣的東西嗎？

A 惡露會比月經量稍微多一點，時間也會持續久一點，之後顏色會慢慢變淡，惡露就是子宮收縮，為了把一些組織慢慢排出來。有些人會聞到一點血腥味，伴隨著一些類似經血的東西。

Q 惡露什麼時候會結束呢？

A 通常都是在下次月經來之前會結束，所以坐月子的時候還是會有惡露慢慢慢慢地排出，一個禮拜之後會慢慢變少，顏色會變淡，但是三不五時還是會排出來一點一點，因為子宮是慢慢縮小，所以時間會比較久，所以寶寶滿月的時候，一定要請醫生檢查惡露有沒有排乾淨，醫院也會給藥幫助媽媽排惡露。

Q 惡露的墊子，護理師會幫忙換是真的嗎？可以喝生化湯嗎？

A 生化湯就是幫助子宮收縮，那已經吃醫生開的子宮收縮藥的話，我們就不建議再喝生化湯，因為太強你反而會不舒服，所以停藥以後再吃生化湯比較好。惡露的墊子如果沒有家屬協助更換的話，護理師都會盡可能幫忙。

生產的其他問題

Q 希望可以給爸爸幫忙剪臍帶！

A 爸爸幫忙剪臍帶，一般來講的話，自然產的時候準爸爸可以在產房裡面，但剖腹產有些醫院是不行的，每個醫院不一樣，那如果爸爸想要剪臍帶，我們可以讓他剪，但是有些醫院是不允許的，有些爸爸則是不敢，但如果有提出要求的，我們通常都會答應。

Q 自然產可以中途改成剖腹生產嗎？

A 有些人痛到一半說我要改成剖腹產，是可以的，就是變成是自行要求剖腹產，健保不給付，要自費，除非有醫學上的理由覺得妳生不下來了，那當然我們就可以用剖腹產，我們健保比較鼓勵自然生產，不鼓勵剖腹產。

Q 很怕痛，擔心沒辦法撐太久？

A 假如我們今天沒有任何醫學上的必要改成剖腹產的理由，只是因為自然產的過程太痛，就要用自費方式進行剖腹產，剖腹產手術費自費

初期 0 Month
初期 1 Month 1~4週
初期 2 Month 5~8週
初期 3 Month 9~12週
初期 4 Month 13~16週
後期 8 Month 28~32週
後期 9 Month 33~36週
後期 10 Month 37~40週
生產

大概2～3萬，住院費用還是有健保給付，上次有個媽媽說自然產感覺像被火車撞到，假如痛的級別是1～10分，產痛大概有9～10分那麼痛，也難怪很多人形容「產痛＝慘痛」。準媽咪會擔心沒辦法撐太久，主要還是在於自己的信心，畢竟我們的身體結構，應該是可以自然生產的，當然啦，也可以自費打減痛分娩。

Q 聽說剖腹生產的傷疤一生都不會消失？

A 現在有除疤貼片，只是也要自費。

Q 如果做剖腹生產，下一胎時也要剖腹生產嗎？

A 第一胎是剖腹產的話，第二胎在自然產過程中，會有一定比例造成子宮破裂的風險，必須要跟你的醫師再評估當時剖腹產的狀況，跟這一胎寶寶的狀況，看當初剖腹產的原因，還是有機會可以自然生產的，不過因為健保會給付頭胎是剖腹產，第二胎也是剖腹產的情況，所以大部分的人就會繼續採剖腹產。

出院！
在家餵母乳該怎麼準備？

如果產婦在出院前，對居家哺餵母乳有基本瞭解以及充分準備，一定能減少媽媽們對哺乳這件事的焦慮以及恐懼，也有助返家後能持續餵養。

以下是出院後，媽媽可能會面臨的問題：

Q 不知怎麼分辨母乳量到底夠不夠？

A 透過觀察嬰兒的排尿次數，一天不要少於6～8次就算正常。其次，觀察嬰兒的體重，每星期大約增加125公克，只要體重有持續增加，可參考衛福部國民健康署【兒童健康手冊】的成長曲線對照表，百分位50％以上為正常，以及媽媽本身餵奶前的脹奶情形。

Q 怎樣才能促進母乳分泌？

A 要增加餵奶次數，一天至少10次。媽媽要多攝取高蛋白質食物，例如：牛奶、魚湯、花生豬腳等等飲食的攝取量，以及每天要睡眠充足，保持愉快的心情。

Q 上班前二星期擠奶該如何準備？

A 基本上用手擠，或是用市售擠奶器都可以。首先要把雙手洗淨，並準備好消毒過的容器或母乳袋後擠壓乳暈。
如果是職業婦女，上班前可以先餵哺嬰兒一次。在公司時可以3～4小時一次，用吸奶輔助器將乳汁吸出

後放入冰箱冷藏或冷凍保存，並將
乳汁以保冷袋運送。

Q 母乳該怎麼儲存與解凍？

A 擠出的乳汁在室溫25℃以下，可以
保存6～8小時。如果放冷藏室可以
保存約6～8天；冷凍庫則可存放3
個月；如果冷凍庫溫度在－20℃以
下，則可保存3～6個月。

如果要解凍，前一天要先放在冷藏
室解凍成液態，且溫奶要記得隔水
加熱，熱水不能超過50℃，也禁止
使用微波爐及電鍋。

林醫生真心話

笑中帶淚、夾雜著不安和疲倦
的孕期結束，終於迎來寶寶的
第一個哭聲，無論如何，自己的孩子就
是最可愛的！媽媽記得多多鼓勵自己，
因為未來這個勇敢的妳還要陪著寶寶一
起度過好多日子喔！

本書參考資料：
◆ 台灣食品成分資料庫　◆ 網站：國健署　◆ 網站：董事基金會－食品營養特區　◆ 藝軒圖書出版
社－機能營養學前瞻　◆ 網站：國家網路醫藥　◆ 衛生署國民健康局－減鹽（鈉）祕笈手冊　◆ 衛生
福利部國民健康署－每日飲食指南手冊

初期
0
Month

初期
1
Month
1~4週

初期
2
Month
5~8週

初期
3
Month
9~12週

初期
4
Month
13~16週

後期
8
Month
28~32週

後期
9
Month
33~36週

後期
10
Month
37~40週

生產

台灣廣廈 國際出版集團
Taiwan Mansion International Group

國家圖書館出版品預行編目（CIP）資料

權威醫療團隊寫給妳的懷孕生產書【全圖解】：集結中、西名醫
傳授孕期40週×生產養護完全指南，讓孕婦順產、胎兒健康！
／林坤沂、李容妙、楊雅雯、彰化秀傳暨彰濱秀傳紀念醫院著. --
新北市：臺灣廣廈, 2020.05
面；　公分
ISBN 978-986-130-458-8（平裝）
1.懷孕 2.分娩 3.婦女健康

429.12　　　　　　　　　　　　　　　109002124

權威醫療團隊寫給你的懷孕生產書
集結中、西名醫傳授孕期40週×生產養護完全指南，讓孕婦順產、胎兒健康！

作　　者／林坤沂、李容妙、楊雅雯、 　　　　　彰化秀傳暨彰濱秀傳紀念醫院	編輯中心編輯長／張秀環 封面設計／張家綺・內頁排版／菩薩蠻數位文化有限公司
插　　畫／朱家鈺	製版・印刷・裝訂／東豪・弼聖・明和

行企研發中心總監／陳冠蒨　　　　　線上學習中心總監／陳冠蒨
媒體公關組／陳柔彣　　　　　　　　數位營運組／顏佑婷
綜合業務組／何欣穎　　　　　　　　企製開發組／江季珊、張哲剛

發　行　人／江媛珍
法 律 顧 問／第一國際法律事務所 余淑杏律師・北辰著作權事務所 蕭雄淋律師
出　　版／台灣廣廈
發　　行／台灣廣廈有聲圖書有限公司
　　　　　地址：新北市235中和區中山路二段359巷7號2樓
　　　　　電話：（886）2-2225-5777・傳真：（886）2-2225-8052

代理印務・全球總經銷／知遠文化事業有限公司
　　　　　地址：新北市222深坑區北深路三段155巷25號5樓
　　　　　電話：（886）2-2664-8800・傳真：（886）2-2664-8801
郵 政 劃 撥／劃撥帳號：18836722
　　　　　劃撥戶名：知遠文化事業有限公司（※單次購書金額未達1000元，請另付70元郵資。）

■出版日期：2020年05月　　　　　■初版10刷：2024年07月
ISBN：978-986-130-458-8　　　　版權所有，未經同意不得重製、轉載、翻印。